吃是一场漫长的自我抵达

于一餐一饭间

感知生命的滋味

滋味人生

陈立 ◎ 著

中信出版集团 | 北京

图书在版编目（CIP）数据

滋味人生 / 陈立著 . -- 北京 : 中信出版社，
2020.8（2024.1 重印）
ISBN 978-7-5217-1881-2

Ⅰ . ①滋⋯ Ⅱ . ①陈⋯ Ⅲ . ①饮食—文化—中国
Ⅳ . ① TS971.2

中国版本图书馆 CIP 数据核字（2020）第 081635 号

滋味人生

著　　者：陈 立
出版发行：中信出版集团股份有限公司
　　　　　（北京市朝阳区东三环北路27号嘉铭中心　邮编　100020）
承 印 者：北京盛通印刷股份有限公司

开　　本：880mm×1230mm　1/32　　印　张：9　　字　数：170千字
版　　次：2020 年 8 月第 1 版　　　　印　次：2024 年 1 月第 7 次印刷
书　　号：ISBN 978-7-5217-1881-2
定　　价：68.00 元

阿 城

　　《滋味人生》这本书不仅不远庖厨，而且钻进去，不仅钻进去，还要跑出来，跑到食材的根本处。这是当代的庖厨观。

　　福如果是饮，那么福如东海；寿如果是食，那么寿比南山。

　　如果饮是福，那么福如东海；如果食是寿，那么寿比南山。

陈 立

　　一个人的福报，就是这个人可能遇到的种种机遇，抓住这种机遇转化成为自己生命历程中的一个个小故事，就是福。所谓寿，是指一个人能够与这个世界有多少次的交流，因此无论是饮还是食，都将是我们与这个世界对话过程中的一份福报。

滋味人生

一 目 录 一

章 一

互·动

四方食事

一方水土养一方人

章二

迁·徙

南来北往

我把异乡吃成故乡

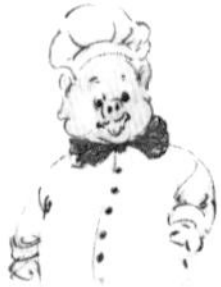

章三

驯·化

食道寻踪

一种食材，多样态度

章五

人间滋味

四·季

在自然的安排下安身立命

章 六

传·承

岂止酒肉

食物的文明征途

近年，经朋友介绍结识了陈立教授，因为我们有着共同的爱好——吃。眼下食不厌精的美食家很多，著书的也不少，但从未有人像陈立教授这样把日常烹饪食材的来龙去脉及如何明白地吃喝梳理得如此透彻，将对食物的享受化境为一种审美体验。

陈立教授出身名门，家学渊源，履历丰富，可谓名副其实的跨界专家。他学医出身，又是心理医生，至今还在网易云音乐经营着一个专业心理咨询电台《陈立客厅》。他曾在中国香港履职数年，是台港澳问题专家。他研究美食，曾有两年时间主持香港亚洲电视的美食节目《越食越疯狂》，更是中央电视台大型纪录片《舌尖上的中国》重要幕后顾问之一。

网易云音乐从 2016 年开始为陈立教授开设了《围炉夜话》美食电台节目，广受"粉丝"追捧。在节目中，他用心理医生特有的话语方式娓娓道来，引领听众与他一起上天入地，行走世界，发现不同地缘饮食文化的起源与发展、沿袭与变革，探寻我们从哪里来，又往哪里去的未知课题。

《滋味人生》一书由《围炉夜话》节目内容整理而来，其中信手拈来的美食掌故，蕴含着一方水土滋养的人文历史——有听从自然安排的安身立命，也有不甘历史摆布的刀光剑影，呈现出一幅起源于饮食文化的丰厚的社会历史延伸画卷。

陈立教授说：所谓美食家，不过是能从食物中获得幸福感者耳。他从不局限于中西之别，也不拘泥于既定菜谱，最擅长用普通食材做出一桌浑然天成的珍馐美味，常常有令人叫绝的中西混搭。厨房里的陈立教授兼收并蓄，在刀耕火种的原始与钟鸣鼎食的极致间游刃自如。据说他之所以一直住在杭州东山弄，不愿搬去另一处更大的房子，就是因为附近有个心仪的菜市场。我们有幸在陈立教授家吃过几餐，每次他都从容地在下午四点半出门采买，六点半准时开饭。众所周知，在陈立教授家吃饭是所有吃货期待的最高礼遇。

在我们眼里，陈立教授心不外驰，气不外浮，透着一种难以企及的淡泊与定力。他对人的包容，对朋友的有求必应，甚至不求也主动相助的友善，令人感动。他的家中永远有不速之客，经常有从事餐饮业的年轻人上门向他讨教菜谱配方。

西人语"We are what we eat"（人如其食），国人也深信"一方水土养一方人"。陈立教授信奉"一粒米中藏世界，半边锅内煮乾坤"的哲学思想，善于把常人眼中的一桌普通饭菜，像胶片一样回放到厨房菜场、山野田间，在四季轮回中探本溯源，以最丰富立体的光谱、最朴素平实的理念揭示出美食的本质，以及人类与饮食的关系。这与起源于意大利的国际慢食运动所倡导的"优质、清洁、公平"的理念如出一辙，都是通过保护美味佳肴的原始性来维护人类、自然、食物三者间的平衡关系。

《围炉夜话》被誉为可听的美食，如今《滋味人生》成书出版，变成了可读的美食。得益于独特的教育背景和跨界经历，陈立教授在这本书中的探讨和分享还具有一般美食著作所稀缺的科普功能，给读者带来一种超越美食的获得感。其可读性从目录中即可见一斑，增加的插图更平添妙趣，相信各路吃货和追求美食"颜值"的读者一定不会失望！

大中华区慢食协会主席　乔凌
大中华区慢食协会资深顾问　徐淑君
2020 年 6 月

东山弄，是西湖风景区内唯一的居民区。不过，对于杭州的饕餮客来说，这里有两样东西更重要：一个是东山农贸市场，杭嘉湖平原的应季时鲜，总会不停变幻着出现在这里；另一个，就是学者陈立教授的家了。

陈宅位于一座老式居民楼的一层，离东山农贸市场不远。一个不大的三居室，进门的左首是长条状的厨房，客厅不到 20 平方米，中间有一张圆桌，四周摆放着各种柜子和一个冰箱，冰箱旁边堆满了各种干制的食材和调料。应该说，这是杭州最繁忙的客厅。每天晚上，总会有天南海北的人在这里吃饭、喝酒、聊天。

陈立教授长我十岁。认识他应该在十几年前，当时中央电视台的《人物》栏目做了一个特别节目《关键食客》，其中一集的主人公就是陈立。他超凡脱俗的谈吐和对美食别有洞天的理解立即征服了我。后经沈宏非先生介绍，陈立教授成为我们美食纪录片的顾问，我也第一次踏入他家的客厅，并逐渐成了这里的常客。

陈立兄是个杂家，研究领域覆盖人类学、社会学、心理学、药学以及两岸关系，因此，每次造访我都无法确认当晚聊天的主题会偏重哪个方面。到这里来的，也多是些江湖奇人，性格和气质鲜明，思维与见识不凡，每个人都把这里当成主场侃侃而谈。只有一次，见一年轻人，很局促地浅坐在方凳上，双膝并拢，很谦恭的样子，不怎么说话。一个多小时后，陈教授介绍说，这是他的儿子，刚从美国回来……在这里，主人和客人的界限就那么模糊。

无论谈什么，陈教授都是绝对的话题掌控者，正如著名的"太太的客厅"中，林徽因扮演的角色。陈教授语速很慢，但自带一种魅力。难得的是，无论是谈时局还是美食、聊文学还是投资、讲学术考古还是野狐禅，都让人感觉那么津津有味，他是个出色的storyteller，故事讲述者。

陈教授长于打比方，很抽象的概念，或者很复杂的道理，经他一说，总让人茅塞顿开。比如龙井茶，陈教授说它像江南女人。见大家狐疑，他才说，龙井有三个特性：矜贵、薄情、难伺候。因为没有好水不出味，此为矜贵；水泡三遍就无味，可谓薄情；保管不当就散味，所以难伺候。众人皆叹服。

当然我们聊得更多的，是与食物相关的话题。看待食物，除了美味的部分，陈立兄总能从自然地理、人文历史，以及社会流变等更加宏观的角度，进行透彻的分析。这一点，对我的纪录片帮助很大。而且他是个热情的、不知疲倦的好人。我们的摄制组众多，往往不同的导演会从不同的角度请教顾问问题。说实话，一般人都有些招架不了，但陈教授总是来者不拒；而他深厚的学养和人生经历，总能给美食节目带来新的灵感。

今年在疫情期间，《风味人间2》播出，配套的谈话节目《风味实验室》在北京录制。节目组因为疫情原因，希望我尽可能在北京推荐嘉宾："还有没有更多像陈教授这样'有料'的专家？"我的回答是，首先，在饮食上，北京是一个"权力"属性比较强的城市，无法和优越的文化、地理环境造就的江南相比；其次，当今国内也很难找到像陈教授这样既有家学渊源，又有个人眼界的学者。

陈教授是民国时代的名门之后，祖籍绍兴，母亲是潮汕人。他出生在杭州，但少年时代转到陕西读书，并在当地农村插队；20世纪70年代末，陈立教授考入浙江医科大学，之后赴香港大学攻读社会心理专业。他做过精神科大夫、大学精神分析学讲师，教授过心理考古学和人类学，做过上市公司的独立董事和电视节目主持人。如此繁杂的从业经历，使他在观察和分析问题时有不同于常人的视角。

我们在一起探讨食物，他不仅有更加宏观的视角，而且能迅速找到相同、相关以及差异性的链接个体。他家里，看似杂乱的器物，随便抄起一个，可能都是一个故事的开头。

有一次，导演找他请教绍兴霉干菜，他走到窗台前，拿起一个小坛子，指着坛口几排细密的小孔说，绍兴人"盘"（保存和贮藏）霉干菜，会用到这样一个东西。加上坛盖后，这些细密的缺口既能让空气进入坛内，又不至于让太多的杂菌染指干菜。

他的家里，除了东山农贸市场随时采买的新鲜食材，总有超出你知识储备的内容，比如有一种"琴鱼"，味道十分鲜美，体型非常小，出产地在富春江严子陵钓台附近，每年只有100多公斤的收获，极难见到，当地人也称其为"子陵鱼"。陈立教授会从鱼的科目属种、生物特性，讲到它的历史传说。

对很多人来说，在陈教授的客厅，最主要的目的还是品尝主人的烹饪手艺。这是在许多专业餐厅里无法获得的享受。我最近的一次做客，菜单如下：

鹰嘴豆茄汁金钱肚

出油肉牛肝菌烩豆腐泡

笋胎金银蹄

棒菜猪肚汤

芝士焗龙利鱼

皮肚九层塔鱼圆汤

霉干菜子陵鱼炒饭

饮料：姜汁咖啡、正山小种奶茶、咸柠七

除了不常见的食材以及随菜奉送的故事之外，这些脑洞大开的搭配就足以让人喜出望外了。长三角许多老饕经常专程赶到这个客厅，希望被陈立教授的奇思妙想打动。一些餐饮人每次到访，也多有灵感的触发，让自己的菜式有所创新。

当然，陈立教授还是著名的心理咨询专家，到这个客厅来的，还有很多求助心理按摩的人。我见过其中不少客人，她们是清一色的女性，或多愁善感怨天尤人，或性格乖张言辞犀利。陈教授游走其间，总是一边说，一边观察。他的话语有一种魔力，能让人迅速安静下来，难以反抗。如果再有纠缠，陈立兄哪怕心中狂奔一万只羊驼，也绝不流露，他能做到和颜悦色，用和缓的语调，悄然设置好一个逻辑陷阱，并且随时可以让对方掉进深坑。

陈立教授的智商和情商都令人叹服，这是一种大智若愚的洒脱和阅尽沧桑的稳重。

网易的老板丁磊是陈教授的"粉丝"，称陈教授是"行走的百科全书"。三年前，他力邀陈立教授在网易云音乐开了一个语音专栏，叫《围炉夜话》，每周更新，漫谈中国的食物和风土。这个栏目很快拥有了众多忠实"粉丝"，许多出版社也前来约稿，于是有了今天的这本《滋味人生》。

　　我也是《围炉夜话》的听众，读出版社寄来的样书，几乎每一行文字，我都能"听"到陈教授不疾不徐、穿透力极强的男中音。他说，希望看在多年合作的分儿上，让我作序。我哪有这个资格？只能简单回顾与陈教授的交往，匆匆写下这些，算作推荐吧。

　　　　　　　　　　　　　导演，稻来纪录片实验室负责人　陈晓卿

　　　　　　　　　　　　　　　　　　　　　　　　2020 年 6 月

阅读《滋味人生》的过程中，我总是在两种滋味之间辗转反侧，一种滋味是食材经过高手料理之后味蕾上的巅峰体验，一种是生命练达圆融之后的某种状态。这种辗转证明我是入了陈立先生的"非常道"的。他笔下的滋味变化万般，肌理丰富，充分说明他是一个发誓要走到道尽途穷的饕餮客，他用地理、物产、历史、哲学、美学和一大堆图册作为指南，带着巨鲸一般的胃口品尝了世界。

这是一部因食而举的文化集成，无须断代，也无须精准分类，因为这是滋味的故事。滋味永远是一些已经完成的和尚未完成的碎片，要么是记忆，要么是想象。它应该是偶然的，咸鸭蛋配松仁的吃法是偶然发现的，蔷薇花可以吃也是偶然发现的，我们与那些食物最美好的初见，也一定是偶然的。食物是大自然对人类最基本也最伟大的馈赠，是历史最丰富也最绚丽的遗存。当它施加在一个个个体生命上时，哪怕只是轻描淡写地讲述都会幻化成文学。如果我们把这些无数个体的滋味汇聚为整体的滋味，那应该就可以称之为文化了。这种文化体验随时牵引着我们的人生，正如陈立先生所描述的："在人类的进化过程中，绍兴人对微生物的驯化进程是走在前列的。……这种驯服与被驯服的关系之外形成了一种非常奇妙的双向互动：虽然我驯服了你，但其实你也一直在牵着我的鼻子走。"同样，我们也看见鲁迅先生在《朝花夕拾》中努力回忆故乡的滋味，鲁迅的回忆也是有哲理性的："后来，我在久别之后尝到了，也不过如此；唯独在记忆上，还有旧来的意味留存。"

我们就这样不知不觉地被各种滋味牵着，蹚过时间的长河而浑然不觉，直到最后每个个体都发现人生太过短暂，只有一种滋味能留到最后，就如同小津安二郎把人生最后的作品留给了秋刀鱼这样一种滋味。

那就是他滋味人生的尽头吗？我突然想起了我在《天天向上》里介绍过的那位煮饭仙人，他从三十几岁开始只煮一锅白米饭，从此再未摸过鱼和肉，因为他担心淘米的时候会带入荤腥味。这位来自日本的煮饭仙人曾经在中国遇见两幅字——"真味只是淡"和"乐在一碗中"，这偶然的初见就是他人生的彻悟，原来所有经历过的珍馐佳肴，都是为了配合这一碗白米饭啊！这一碗白米饭，上天赐予了阳光和雨露，大地提供了养分和依托，最终在他八十多年的虔诚生命中达成了天地人合的圆满。是故，陈立先生的滋味人生又何尝不是"乐在一碗中"呢？我也因为这次美好的阅读最终得到滋味的确认。

湖南卫视主持人　汪涵

2020 年 5 月 25 日于长沙说食寮灯下

用味蕾探索世界

我们常说，生活是美好的，即便目前是将就的，也应该追求诗意和远方。吃，在生活的构成中占了很大比重，它不但丰富了我们生活的面貌，也支撑着人类生命体的繁衍，维护我们的健康，以及不断提高我们享受生活的能力。

生活与吃，有着这样密切的互动，同时具有互相彰显的意义。不可否认的是，当人类不断进化，成为这个星球上最大的种群和食物链顶端的生物的时候，我们身上依然具备着生物的特性——每个人都需要在自己漫长的生命过程中新陈代谢。新陈代谢意味着我们要从周边得到能量的补充，经过吸收、消化、分解以后，再将剩余的代谢物排出体外。这个过程是由我们人体中唯一能够与外部进行能量转换的消化系统来完成的，参与这个过程的，有植物、动物、微生物，还有一些微量元素，以及部分矿物质。这个过程几乎涵盖了我们所认知的自身之外的整个生态世界。正因为如此，我们注重生态世界的维护和平衡，对于能够从生态世界中获取我们新陈代谢所必需的动物、植物、微生物、微量元素和矿物质有着极大的意义，甚至从某种意义上说，我们就是生态世界的一个重要组成部分。

生态对人类而言，在一定程度上是生命与生活必不可少的一种环境。当我们有了这样的新陈代谢，当我们有了为维持新陈代谢所必需的动物、植物、微生物、矿物质等以后，我们便会有组织行为：怎么获取食物，怎么分解食物、分配食物，怎么加工、烹饪食物，这些都成了我们共同的组织行为。有了共同的组织行为，我们便有了群居、有了部落、有了社会、有了国家。从以前我们的祖先怎么共同谋划去收集一些坚果，去获取一头麋鹿，到现在我们常说的粮食安全就是国家安全，都属于组织行为。在漫长的进化过程中，我们从原始社会、奴隶社会、封建社会、工业社会走向了现代社会，因为需要管理这些组织行为，所以我们有了庞大的组织架构，这个组织架构就是我们今天所面对的社会环境：教育、医疗等各式各样的组织系统以及风头正热的物联网、电商等。这些都是从我们获取食物、分配食物以及加工食物的过程中演变出来的。这个演变过程几乎涵盖了我们人类的整个进化史。所以我们在讨论吃的时候，实际上就是在讨论我们自身的进化史。

随着我们获取食物的能力越来越强，我们有了分工，因为不再

自 序

需要每个人都去生产食物。有些人成了陶匠，有些人成了木匠，有些人成了铁匠，社会分工促进了效率的提高。随着社会的进步，我们对未知世界的探索也一步一步地接近了世界的真相。我们知道我们所处的生态环境都是由哪些元素构成的。我们这个世界从植物、动物到微生物，几乎都是由蛋白质构成的，而我们自己也是蛋白质中的一部分。这些蛋白质就是我们赖以生存的地球所承载的生命总量和生命总体的一个统称。正因为如此，我们知道了气候，知道了宇宙，并且在探索世界真相的过程中，我们不断去寻找更适合人类居住的星球。我们仰望星空，探索宇宙，为我们的未来探索更加广阔的前景。

自我们人类有文字记录的文明开始，如何去吃、如何去种、如何去养、如何去收、如何去储存等的记录，大约占到我们所有文字记录的1/4；围绕如何管理、如何分配和如何表示自己的阶级等级的有关吃的记录，有 5 000 多万条。比如，贵族吃饭可以用九个鼎，如何利用一餐饭化解帝王和将士之间的隔阂，如何用一餐饭逃避一次政治暗杀。再比如，在部落文明时代，宰相不是最重要的，巫师更重要。巫师告诉人们什么时候应该耕种，什么时候应该收获粮食，往哪个方向走可能捕获猎物。占卜也是这样慢慢形成的，从而有了演算。

我们也听过"一粒米中藏世界，半边锅内煮乾坤""治大国若烹小鲜"，这些名句都是巧妙地使用制衡策略，使得矛盾重重、互不相干的要素组合成为一道"美味佳肴"。所以，吃的演变过程告诉我们一个事实，那就是细节决定一切。

在漫长的人类进化过程中，有些人利用吃与喝彰显了自己的地位，有些人利用吃与喝表明了自己的生活态度，有些人利用吃与喝烘托出自己更高的才情，也有些人利用吃与喝表达了自己对这个世界的爱和依恋。

总之，伴随我们一生的重要生活内容，就是吃与喝，它给我们带来了温暖与幸福。而从行为动作上说，吃与喝就是一件事，即摄入。通过这种摄入，我们知道了四季的变化，知道了各种生物生长的过程与周期，也知道了我们身处环境的好与坏。因为有这些因素，农耕社会的人就会在不适合种粮食的地方种水果、种茶叶，游牧民族就会逐水草而放牧。总之，我们对食物的获取和种植，使我们能够对地球的资源有更合理的使用和分配。

正因为如此，我们在与外部世界的互动中有了生命的节奏，有了对不同季节情感的表达和对人情世态、爱恨情仇的情绪升华。这些也潜移默化地变成了我们对自己、对世界的一份深厚情感。所以我们谈吃不只是谈简单的美味，更多的是谈我们与历史、我们与社会、我们与自然生态的互动。这个过程，我们每个人都参与其中，但未曾被记录下来。所以在这里，我们试图通过吃参与历史，参与社会，参与生态，来探索另一条隐秘的生命轨迹。

一粒米中藏世界，半边锅内煮乾坤

　　四川峨眉山洪椿坪千佛禅院五观堂有一副非常工整的对联："一粒米中藏世界，半边锅内煮乾坤"。可见，吃在中国先贤的眼中，对一个国家的形成和稳定、一个民族的兴旺，以及一个人精神世界的丰富有多么大的意义。

　　在中国古代，"宰相"又被称为"鼎辅"，"鼎立"的"鼎"，"辅助"的"辅"。当部落开大会时，那个用勺子在鼎中搅拌食物，负责为整个部落调制出美味食物并分配给众人的人，就是宰相。我们常说，"不为良相便为良医"，其实我们应该说，"不为良相便为良厨"。古代先哲将道理总结得十分透彻，所以有人说"治大国若烹小鲜"，即治理一个大国就是平衡、处理好各方的利益关系，如同烹饪时将各种味道的食材、作料平衡成一道美食一样。

对我们而言，吃极为重要。美食不单纯是一个享受的过程，也不单纯是一个打动味蕾，让人们开胃、开心的过程，它更多地代表着一种审美体验。比如，当我们听到一首好听的歌曲，看到一幅精美的油画或者山水画，都会有一种审美享受。吃到一种美食，同样会给我们带来类似的审美享受，这就是一种审美体验。更广泛的审美体验就更多了，比如，我们买了一件新衣服，进了一次美容院，与同伴有了一次愉快的交谈，都是一种审美体验。在一定意义上，这种对美的追寻，引领着人类的进化。

"神农尝百草"这个古老的传说，大家都有所耳闻。当时，我们的祖先为了觅食，维系和繁衍生命，不得不去寻找更多的食物来源。在探寻的过程中，人类进化出了越来越发达的视觉、听觉、味觉和触觉。我们的感觉器官将收集到的信息输送到大脑，经过大脑的加工，我们就可以辨别更多的食材，比如，哪些食材可以用来维系生命、增强体魄，哪些食材有害有毒，不能碰。这是人类早期进化过程中的一个关键环节。在这个环节中，人的所有感官都得以进化，从而更加敏锐地探知周围世界，我们的大脑也随之得以锻炼，对信息的处理能力相应提高，形成了在整个动物界中最优秀、最具思考力和创造力的大脑。可见，审美体验是人类进化中非常重要的一个环节。毫不夸张地说，人类这个物种的进化史，在某种意义上就是寻觅食物、加工食物与分享食物的进化史。在这个过程中，我们对食物这一审美对象形成了一种定向思考。

那么，到底何为审美对象？举例而言，当我们被一滴露水、一朵野花打动的时候，这就是一种小的审美刺激；当我们被壮丽秀美的山河、绚烂辉煌的日落日出感动时，这就是一种信息量更为丰富的对世界的感悟；如果我们有机会乘坐太空飞船奔向宇宙深处，我们会发现，孤独的星球和洪荒的宇宙能带来一种更强烈的审美享受。所以，审美不仅仅是对自己的感官和大脑加工信息的挑战，更多的是对自我生命的一种鼓励。在一定意义上，美彰显了人类生命的奇特和生命力的旺盛。

我很认同这种审美态度。有人说，美得有距离，美得有节奏，美得跟自己有一定关系，这些观点都没错，但我认为更重要的是，美要能够彰显生命的饱满和力量。同理，烹饪并享用美食在根本上也是一种使我们的生命力更加旺盛、顽强和生机勃勃的过程。

审美的过程，其实也是确定我们自身与环境关系的过程。通过食物，我们可以了解四季的变化和不同的风情。以我们经常碰到的食材笋和蘑菇为例，通过笋，我们不仅可以了解外部世界的勃勃生机，感受四季的变化，它带来的美味还能让你想象到它所生长环境的清新、雨露的滋润以及外界的风调雨顺。蘑菇就更不必言说了，蘑菇让我们感受到它的温暖、湿润和生命的张力。可见，所谓的审美态度，可以让我们最直接地感受外部世界的变化。

笋和蘑菇可以带给我们这种感受，任何一种应季的水果，任何一种美味的鱼——从大闸蟹"爬上"我们的餐桌，到由土步鱼和春笋共同构成的"春笋步鱼"——都可以让我们感知这个世界的变化。

除此之外，食材的迁移也可以让人们感受到不同地域的距离。当拿到一块从云南运到杭州的干巴菌时，我们便可想到云南和杭州之间的距离。干巴菌从云贵高原来到东海之滨，这本身就具有一种文化的冲击力，我们不会辜负这种美味的食材带给我们的云贵高原信息，因为这是在云贵高原和东海之滨架起的一座情谊之桥。

审美发生在每时每刻。寒冬，当几位朋友聚在一起，酌饮一杯热酒、品尝一碟小菜时，你不会辜负它们为相聚带来的历史与现实之间的温暖感悟。在大雪纷飞的夜晚，我们会为客人倒上一杯泡过生姜的黄酒，让他们慢慢体会喝完黄酒后心中的暖暖情谊，慢慢体会姜和黄酒的浓长味道，慢慢体会室外的风雪与室内的温暖这种极大反差的审美情怀。可以说，通过不同的场景、不同的季节、不同的食物，我们可以感受很多信息的传递。这些信息通过我们的感官，进入我们的脑海，留下美好的回忆，也留下诗情画意。

当然，事物的审美组合远不止于此。我们谈论的话题、听到的音乐、看到的画卷，和朋友心与心的交流，都会和食物交汇成一张信息网。经过大脑加工，它们就成了记忆。人不就是这样一种收集记忆的动物吗？其实，人生最大的财富，就是我们收集了很多记忆，而记忆中有一个个感人的小故事。我们之所以来到这个世上，就是为了收集这一个个感人的小故事。

章一

互·动

四方食事

一方水土养一方人

滋味人生

　　一方水土，养一方人，是指居住在某一个特定地域内的人，与当地的山水、气候、物产之间的互动。这种互动带有地域的特性，因此它往往造就了这一方人所独有的性格、样貌、体能和嗜好。比如，南方有南方特有的物产。我们知道橘子是不过长江的（当然依靠科技现在是可以了，过去是不可以的），因此南方的先民利用酸性的红土地、坡地来种植柑橘，然后通过贸易换取自己所需要的柴、米、油、盐，这也形成了一些地域特有的商业模式。这种模式中的交易物品包括了茶叶、油料作物以及其他水果等。北方因为接近游牧民族，所以都是茶与马匹、粮食与马匹之间的交易。在那样的高寒地区，人们需要补充能量，动物蛋白相较于植物蛋白，能量系数更高，更容易被吸收，也更容易维持人的生命体征。这种人与当地气候、山水、物产的互动，形成了南北方人截然不同的性格特点、语言特色以及生活方式。所以我们也可以从这种互动关系中了解物产、人群以及人群迁徙，带着他们独有的对当地环境、物产的认知，携带着他们的种子，在其他地方创造一个全新的生活基础。历史上，洪洞大槐树的移民就是如此。曾经有很多南方人到北方去谋生，这种随之而来的物产以及对物产加工使用的特点，给我们的人群、种族、文化生活、语言带来了深刻的影响。这些对食物食材的认知、把控、加工、使用的过程，形成了一方水土、一方人的特点。

一方物产，一方性格

　　我们常讲，一方水土养一方人。这一方水土是怎么养育一方人的呢？这一方人和那一方人又有什么不同呢？一方水土就有一方水土奉献给人类的物产，这些物产包括各种各样的食材，各种各样的配料，各种各样的气候条件，以及人们建立在这些食材、配料、气候基础上的饮食习惯。在和风细雨的日月积累中，一方人跟这样的饮食习惯进行互动，就形成了一方人特有的性格。

　　一方水土养一方人，最典型的代表物就是这方水土的一些经典菜肴和食物。在它们的背后，相同的物产也会形成有差别的性格基础。我们常讲，四川人性格豪爽泼辣，就像人们喜欢的各种各样的川味。川味在这里主要是指性格，而不是味道。面对同样辛辣的食材，怎样烹调，怎样让这种辣触动人的情绪，激发交流中的信息量，并让人的性格形成一个相对固定的模式是存在差异的。就像同样爱吃辣的云南人，和四川人的性格就有一些差别。

其实一方水土与一方人之间的互动关系，一个重要的媒介就是有代表性的美食。以前，游牧民族逐水草而居，我们的先民在寻找自己的居住地时，也会寻找食物丰富且适宜繁衍生息的地方。

从这个角度看，人类迁徙、定居、劳作会形成一个相对稳定的群体，以及特定的社会结构和生活模式，同样也是一个追逐食材和食物的过程。在这个过程中，我们学会了怎样认识大自然，怎样感恩大自然，怎样在大自然赋予的丰富物产中形成自己或剽悍，或温柔，或极具个性的特点。

这一方水土恩赐给人们的不仅仅有食材，还有与食材相关的一些东西，比如我们很熟悉的茶叶和水果，它们能满足人们的生存需求和生理需求，甚至精神需求。

我们常讲，饮者多情。多情当然是人类精神活动非常重要的一环。人类的很多审美体验、价值观、道德以及逻辑思维，都建立在多情的基础上。我们酿的酒，有果酒，有粮食酒，还有用金刚刺、土豆等酿制的酒。酒往往也能反映人的性格。

一方水土塑造了一方人的性格，决定了这一方人的命运。性格受遗传和社会规范影响，往往表现为对外部刺激做出的规律性思考、言语和行为。久而久之，两方不同水土养育的人群，必然有不同的性格和命运。

有些地方山清水秀、物产丰富，有些地方穷山恶水、出产贫乏，这些地方的人的性格就存在差异。这种差异性也可以从他们如何摄取自然环境的资源，以及制作食物的方法中体现出来。在山清水秀的地方，人的性格往往比较圆通、开放，也比较阴柔；在穷山恶水的地方，为了与自然斗争，为了从自然环境中获取更多的生产要素，人的性格往往比较刚烈，意志坚强，他们会不屈不挠地在一片土地上扎根、生存。

在这种长期的互动中，人与土地也形成了密不可分的关系。在水资源匮乏、土地贫瘠的地区，人们为了收获一点粮食所付出的劳动，往往是那些风调雨顺、土地肥沃地区的三四倍。他们在付出高强度劳动的同时，也能够从这片土地上收获大自然的馈赠，即非常有力量的体魄和坚定的意志。我们很少从这些地方的人身上发现艺术或者诗意的细胞。在山清水秀之地，即那些不用付出太多劳动就能实现温饱的地方，人们会有大量的时间思考人生、自然和艺术，在审美和价值观等方面都会有很大的发展空间，进而营造出丰富多彩的精神世界。

广东：一只烧鹅的自白

看一个人有没有品味，除了看他的生活态度，很重要的一点是看这个人的审美。"品味"的这个"味"，多多少少与味觉的审美有关。也就是说，一个人的品味是否高雅，是和吃有关的。

"品味"的背后是"品格"。这个"格"就是性格，也就是说，我们怎么吃、吃什么，和一个人的性格形成有关。再进一步说，"品格"的后面是"品德"，这就涉及一个人为人处世的准则了。从品味到品格再到品德，这条线其实体现的是一个人审美价值的走向。这条审美价值链的开始，可以说就是味觉审美。

关于味觉审美，不能说谁高谁低，因为"味"不是个人可以选择的，就好像你无法选择自己出生在哪个家庭、会成为什么民族的人一样。这是一个机遇，当我们把握住这个机遇的时候，我们的品味就会变得高雅。这里的高雅是说你能够在品味的背后"品尝"出它的道理。

这就好像我们读书，不是为了知道书中写了什么，而是为了明白书中的道理。有些人看书看得很多，结果发现大部分书都没有用，这就是因为没明白书中的道理。也就是说，能读出道理的人，读书效率就高，觉悟也越来越高。

我们的先人四处觅食，广泛选择，慢慢形成了对食物有选择、有追求的品味特征。这个选择的范围越来越小，甚至很多人一生只喜爱一款酒，只喜爱一款茶，或者只钟情一种面。实际上，这是一个人品味高雅的表现。

从前，中国人认为幸福的生活应该是"生在苏州，住在杭州，吃在广州，死在柳州"。为什么？因为苏州的接生婆最有经验，杭州的风景最美，广州的美食最可口，柳州的木材最好。其他暂且不说，"吃在广州"一点都不假，广东人在吃上的讲究是公认的。

如果我们想要找出一道能够代表广东的菜肴，确实有点困难。第一，广州的美食实在是多种多样；第二，广州的地域特点非常明显，从潮州、汕头到梅州、佛山、中山，再到江门，食材不同，烹调方法也不同，很难找到一道真正能代表广东的菜肴。

想了许久，我觉得烧鹅是一道比较能代表广东的菜肴。第一，烧鹅的食材很特殊，一般只用狮头鹅（潮州地区）和灰鹅（阳江地区），也有一些地区用白鹅。狮头鹅是一种比较特殊的家禽，已列入国家级畜禽遗传基因资源库。狮头鹅肉质细腻，皮下脂肪丰富，最重要的是皮质非常有韧性，适合用来烤制。大部分广东人不会把它当成一道菜，而是拿它做烧鹅饭。广东人把烧鹅制作好以后，盛一碗白饭，将烧鹅切块就着饭吃。在珠三角地区，烧鹅也会被用来制作龙舟饭，赛龙舟的健儿们比赛完以后非常疲惫，就会吃一份烧鹅饭补充能量。

广东人把烧鹅的制作过程叫作"烧腊"。除了烤制，每家烧鹅店的作料秘方是不会外传的。虽然我们不知道各家店的秘方，但是各家店的风味都很独特，都会打动我们。

假如你有广东的朋友，你会发现他们有一些共同点，比如很外向，善于交际。即便外界戏言"天下什么都不怕，就怕广东人说普通话"，广东人也依然会用有地域特色的普通话和你交流。广东人还非常讲正义。从广东人对待某种社会不公正现象的强烈的是非观念，以及他们维护社会公平正义的态度上，我们就可以知道他们的社会属性很高。什么是社会属性呢？就是不以个人的标准为标准，而是以组成这个社会的人的共同标准为标准。我之所以特别强调这一点，是因为这种社会属性就像烧鹅这道菜一样，虽然各家店有自己的秘制作料，但是烤制方法一样，吃法也一样。

广东人还非常懂得享受生活。通过广东人那种舒适、休闲、不跟周围人比较的生活方式就能知道，广东人除了有社会正义感，也

有把自己的小日子过得有滋有味的一面。这个滋味和人们品尝烧鹅的滋味几乎是一致的。所以，广东人在与人交流的过程中，有开放、热情、善交际的一面，也有把朋友之间的关系维系得有一定距离的一面。有句广东俗语说得非常好，"不做中，不做保，不做媒人三代好"。广东人对人际关系的态度，在这句俗语中表现得淋漓尽致。

除了烧鹅，还有一道广东美食也几乎打动了全国人民，那就是虾饺。饺子是北方的特色美食。在北方包饺子都用面皮，但在岭南地区，面是稀有之物。当这种食物传入岭南地区以后，客家人把面皮改成了米皮，而且包的馅料是虾肉。虾饺也可以部分地反映广东人的性格特点，那就是细腻温情，在每一个方面都不张扬。虾饺在味道上一点儿不张扬，也不突出，所有人都可以接受这道美食，而且所有人都可以通过这道美食感受岭南地区的风情。很多人在吃虾饺的时候，脑海中都会出现雨打芭蕉、彩云追月的场景，这些场景背后其实都是对人生和生活节律的感悟。广东人将它们都浓缩在了美味的菜肴上。

不管是烧鹅还是虾饺，广东人在饮食方面给全国人民留下的最深刻印象就是，广东人是会享受生活的一群人。

贵州：泡出来的『酸酸酸』

谈任何地方饮食的特点、特色，或者美食的特点、特色，都要基于当地特殊或独有的地理、气候和物产条件。如果没有这三个基本条件，我们很难尝到各种各样口味的美食。

很多人都想尝尝贵州独山的泡菜，它为何如此稀少和神奇呢？因为独山特产的辣椒、姜与其特有的水混合在一起，就可以产生独山泡菜独有的酸、香、辣所依赖的厌氧菌。这种厌氧菌使独山泡菜具备特有的品质和口味。

假如离开了独山，用其他地方的辣椒、姜和水，就无法泡出独山泡菜的这种风味。因为有了独山泡菜和这种泡渍方法，贵州菜系就有了酸汤鱼这道经典美食。酸汤鱼中的酸汤，就是独山泡菜所用的酸水，再加入当地生长的笋等食材。也是因为有了独山泡菜，贵州才有一个非常有名的小点心——"丝娃娃"。它是将新鲜的蔬菜和泡菜切丝，拌匀，裹在米皮里。假如没有独山泡菜，就不可能有这两道贵州特有的美食。

贵州菜有一个关键字，那就是"酸"。今天人们谈论西南地区菜肴的基本味道，说的都是麻辣、酸辣或者香辣，离不开一个"辣"字。可是辣椒传入中国的历史还不足400年，400年前，西南地区的饮食特色其实就是一个"酸"字，是那种泡出来的酸。这种饮食习惯塑造了西南地区的人们独特的审美取向和价值取向，也影响了西南地区的人们非常独特的思考模式和行为模式。

我认为，如果一个地方的饮食习惯有一种非常强烈的嗜好或者当地人偏爱某种东西，那么由此反映出来的人的性格也一定是相对有特色的，比如西南地区的少数民族就很有个性。现在，西南地区有苗族、土家族、瑶族、布依族等少数民族，但是在明清时期我们把他们统称为苗。苗族在进入中华民族大家庭的这个过程当中，其实经历过很多的坎坷，发生过一些很重要的历史事件。

有些苗族人归顺朝廷后，饮食习惯越来越接近汉族；有些苗族人个性倔强鲜明，想维系自己的生活习惯、服饰以及饮食文化，并多次发动起义，反抗朝廷。在这些人中，很多都是被当地少数民族奉为首领的人。那时候，苗族人不吃辣，也没有辣椒，主要吃酸口味的食物。如果我们今天去湘西，从凤凰古城一路向西南进发，会发现各种各样的泡菜越来越酸，口味越来越重。靠近汉族地区的苗族人，做的泡菜就相对不那么酸。

这种"憨厚"的饮食习惯，我们也可以在西北地区发现。我们之所以用"憨厚"形容饮食习惯，是因为追寻食物本源口味的人往往都住在远离交通线和大城市群的普通村落。比如西北人很喜欢的一些食物，生活在城市里的人就无法接受。陕北有一种食物叫铁糕，是用硬糜子做的，只能热着吃，凉了就变得非常硬，根本咬不动。这种食物非常有特色，类似于陕西米脂的钱钱饭，这些都体现了当地人的特点。"绥德的汉子，米脂的婆姨"说的就是陕北民风剽悍、个性鲜明。这些地方的食物、饮食习惯和口味，跟我们所熟知的西安、渭南以及兰州是大不一样的。

我们看一个地方是否适合腌制食物，比如腌制一些蔬菜、水果和肉类等，主要看这个地区是否出产优质的蘑菇。为什么呢？因为腌菜所需的细菌，和这个地区的气候、温度、湿度条件是否适合蘑菇生长有密切关系。今天我们所知道的很多优质菌类，都产自西南地区，如牛肝菌、羊肚菌、虎爪菌、松茸甚至松露。

西南地区的条件特殊在哪里呢？第一，雨水充沛；第二，气候稳定；第三，昼夜温差小。虽然我们的祖先并不了解这些现代科普知识，但他们却在日常生活中积累了非常丰富的经验，知道这样的饮食习惯可以非常好地调动起肠胃功能，促进食物的消化与吸收。人一旦开胃，就会吃一些原本不愿意吃的杂粮，肠道菌群从而得以改善，吸收营养的能力便会增强，日积月累，一个地区就形成了有特色的饮食习惯。

我国西南地区的"酸"其实主要源于发酵的酸。从现代意义上讲，这种酸可以中和很多生物碱。生物碱是对人体有害的一种物质。酸性食物在体内中和了生物碱以后，又能够很快排出体外。

西北地区的人也了解这个事实，但西北地区的气候条件是什么样的呢？降雨量稀少；干燥，湿度不足；昼夜温差大。所以西北地区的人无法用西南地区的人所使用的方法种植菌群，吃到酸性食物。西北食物中的酸主要来自醋。以前有个笑话，说阎锡山的军队得有"两枪一壶"："两枪"就是指烟枪和步枪；"一壶"就是指醋葫芦。他们离不开的醋，就是我们知道的酸性的食物添加剂。

在西北很多地区，人们在吃面食，像刀削面、岐山臊子面时，都会倒入大量的醋。西北地区很多著名的菜肴也和醋有关，比如酸汤水饺、醋熘羊肉等。其实我们的祖先也知道，这个酸是能够中合很多生物碱的。西北人利用昼夜温差大、降雨量少以及湿度不足的环境特点，用当地所产的粮食、水果（葡萄、柿子和杏）酿制了各种各样的醋。这种醋就成了他们饮食特色的一个亮点。

苏州人究竟有多精致

　　一方水土会造就一方人的性格特征。我们可以把性格细分为审美态度、价值态度、道德态度、行为准则和语言风格等具体指标。

　　人的性格特征受到很多因素影响，如遗传、受教育程度、当地的社会发展水平、从事的职业等。一定地理区域内的人往往拥有特定的性格特征，比如，两个山东人聊天就像吵架，两个苏州人吵架就像聊天，不同地区的人说话的速度和声量都很不一样。这些鲜明的言谈举止都基于我们的日常生活方式，生活方式当然也包括饮食。

　　众所周知，苏州的手工艺水平十分发达，在现代工业出现之前，苏州的丝绸、木梳和笔非常出名。最早的湖笔并不是我们今天所熟知的湖州的湖笔，湖笔起源于苏州，因为苏州人文荟萃，对笔的需求量特别大。

在中国的工业化进程中，有两件非常重要的事：一是中国和新加坡合作建设的工业园区，选址于苏州；二是中国的核安全公司、核导弹的核心公司也都在苏州。一个很重要的原因就是苏州拥有高超精致的工艺和工业水平。

苏州人的精致不仅体现在手工艺上，也体现在饮食方面。不少南方人都喜欢吃鱼，但即便是很会吃鱼的南方人，也鲜少选择刀鱼，因为刀鱼虽然鲜美，但刺非常多。苏州人是如何处理刀鱼的呢？他们竟然将刀鱼的刺全部剔除，用鱼肉做馅，制成"刀鱼馄饨"。

长江三角洲一带的方言大多是吴语（俗称吴侬软语），其中尤以苏州话为代表，也包括一些不属于吴语的方言区，比如杭州话就属于官话。为什么会有这样的差别呢？杭州是中国历朝历代军事战略要地，清王朝时八旗在杭州有驻军。今天，杭州市最繁华的湖滨一带，从前叫"旗下"；杭州人民大会堂附近叫"营门口"，意指兵营的门口。所以，杭州的官话代表着当地老百姓对权威和体制的认同。

苏州则不同，它可以一直保持着其特有的地区风貌。而且，苏州人大多崇尚清流，在学术研究、文学艺术等方面都颇有造诣，出了很多传奇人物。直至今天，中国顶级的科学院院士和工程院院士中，祖籍最多的还是苏州。

　　苏州不仅人文荟萃，它优越的地理和文化环境也吸引着历朝历代众多从官场和平下野的官员，将自己的养老处所建在苏州，因此，苏州才有那么多的名园传世，如拙政园、留园、网师园等。这些名字背后流露出的是园林主人的人生态度。拙政园，意指对政治非常笨拙的人才需要躲到这个园子里去；留园，意指留住自己；"网师"是渔夫、渔翁之意，又与"渔隐"同义，因此，网师园含有隐居江湖的意思。苏州人的审美态度、处世哲学由此也可见一斑。

陕西的『无所畏』，绍兴的『无所谓』

　　要讨论饮食与一方人性格之间的关系，就必须选择一些特征鲜明的地区，比如西北地区和浙江绍兴。

　　西北地区气候干燥，少雨，风沙大，物产单一。你如果看过陈忠实的《白鹿原》、路遥的《平凡的世界》或贾平凹的《废都》，便不难发现，当地人对土地、生活和人生始终怀抱着一种憨厚的眷念态度。

　　贾平凹曾经讲过一个故事，他问一个放羊的小孩："你放羊干什么？"小孩答："我赚钱啊。"他再问："你赚钱干什么呢？"小孩说："赚钱娶媳妇啊。"他继续问："那你娶媳妇干什么呢？"小孩答："生娃。"他又问："生了娃干什么呢？"小孩说："再让他放羊。"

　　这就是一种典型的西北式生活态度，这种态度没有任何消极意义，而是在深刻地理解了生命的轮回与生生不息之后所得出的感悟和选择。

提到西北美食，很多人首先会想到羊肉泡馍，这的确是一道十分具有西北风情的菜肴。羊肉泡馍做法简单，却有着打动人心的力量。说它是菜肴有失准确，事实上，它是一道菜饭结合的美食。吃着羊肉泡馍，我们脑海中很容易联想到兵马俑中整齐排列的将士们，联想到秦王朝大军如何一统六国，联想到李自成的农民起义大军，也可以联想到信天游。这些故事的背后，透露出的就是西北人性格的执着和对生命的"无所畏"。事实上，西北人很愿意为了自己的某种生活态度而舍弃生命。

要想找到一款比羊肉泡馍更能与西北人的性格联系在一起的食物，恐怕十分困难。当然，西北的美食还有很多，但无论是渭南的时辰包子还是老潼关肉夹馍，无论是武功镇的旗花面还是乾县的锅盔，都与羊肉泡馍有一个共同点：人们在品尝这些食物时，最大的体验不是美味，而是过瘾。

很多人都听过一种西北地区的传统戏剧——秦腔。鲁迅曾四次特地前往西安听秦腔，回来后还专门写过关于秦腔的文章。众所周知，鲁迅对人性有着诸多批判，曾用"吃人"二字来概括中国封建思想对人精神的禁锢。但就是这样的思想家，也会欣赏秦腔这类酣畅淋漓的剧种和西北的饮食习惯，这个现象背后，我们似乎可以看到以鲁迅为代表的绍兴人，也有一些特殊的饮食习惯和人格特点。

　　提到绍兴，很多人会想到一道地道美味——霉干菜蒸肉。其实，在人类的进化过程中，绍兴人对微生物的驯化进程是走在前列的。不仅是霉干菜，绍兴的臭豆腐、霉豆腐、绍兴黄酒，都是在驯服了微生物后形成的美味。就像农耕民族"驯服"了植物，游牧民族驯服了动物，这种驯服与被驯服的关系之外形成了一种非常奇妙的双向互动：虽然我驯服了你，但其实你也一直在牵着我的鼻子走。这就好像现在网上流行的一句话：我养大了一条狗，这条狗牵着我往前走。

　　如果用绍兴话讲，这道菜不叫霉干菜蒸肉，而叫霉干菜捂肉。"捂"比"蒸"更能够体现绍兴人在这道美食上的绝妙安排：霉干菜包裹猪肉，猪肉渗透出鲜香，但这种鲜香不是来自霉干菜，而是来自"捂"出来的微生物。

　　一碗霉干菜蒸肉，配上几口黄酒，脑海中大概就会浮现出孔乙己这类造型独特的人群，和绍兴人那种享受生活、享受人生，同时也不忘记要为他人做点儿事的精神。同为绍兴人的周作人，临老时要求家人给他寄的东西就是霉干菜，可见这道美食对他的影响。

　　要探究绍兴美食与绍兴人性格的关系，就不得不谈到"绍兴师爷"。由于绍兴人大多不认同科举制度，所以鲜少有人及第。但他们往往很愿意参与司法、政治、统治等公共事务，为官府想办法、出主意，平息风波。因此在这里形成了一类特殊人群——绍兴师爷。他们虽然没有官位，也不是科举出身，却对中国的历史进程产

生了十分深刻的影响。浙江电视台曾出品过一部电视连续剧《绍兴师爷》，部分展现了绍兴师爷的风采。绍兴师爷已成为中国历史上一道独特的风景线，直到近代，很多达官显贵的幕僚团队也主要是由绍兴人组成的。

我们可以引用一段绍兴人自嘲的话，来分析一下师爷到底是什么。有位绍兴师爷曾把繁体的"绍兴"二字解构成一幅图画。繁体的"紹"字，即丝丝入扣，专注刀笔功夫，口舌是非伴一生；繁体的"興"字，意思是出门靠同乡（因为以前的师爷都是互相介绍的），上半个月靠一个，下半个月靠一个，终其一生难成名人。因为他们既没有官位，又不入第，自然也难以成为光宗耀祖的名人。

不难看出，绍兴人的酣畅与西北人的酣畅很不一样。但是，不同的酣畅却都可以通过那道能够永久打动人的美味体现出来。

河北：驴肉火烧里的近乡情怯

驴是北方农村的主要畜力，常被用来运输、耕地或推磨。北方有一个成语叫作"卸磨杀驴"，意思是磨完东西后，把拉磨的驴杀掉。这个成语也在一定程度上说明了驴在农耕社会的地位。

驴肉火烧是河北极具代表性的一道美食，但它的制作在省内各地也有不同。驴肉火烧的面皮，有一种叫"火烧"，还有一种叫"火勺"。制作火烧的地方主要是河北的西北部和南部，而制作火勺的地方则是河北东北部。两种面皮的制作工艺差不多，都需要选用发面，将面皮反复揉捏，使其起酥，这样做出来的面皮才能外脆里嫩，香酥美味。

火烧的确是一道十分经典的面食。不同于烧饼和大饼，它是面食进入中国后，在北方地区形成的一道具有地域特色的美食。^① 驴肉更不用说，北方的老百姓大多听过"天上龙肉，地上驴肉"的俗语。驴肉肉质十分细腻，没有大块肥肉，每一粒脂肪都嵌入肌肉内部，颜色暗粉，非常诱人。

用火烧（火勺）夹着焖炖好的驴肉吃，便达成了主食与辅食的完美结合，既可以饱腹，又可以享受美味。驴肉火烧中驴肉的制作过程也非常考究。通常，做驴肉火烧（火勺）的驴肉都是整块的驴腿肉。烧驴肉的配料也五花八门、各有不同，有的店家为了凸显驴肉自带的鲜美，任何作料都不加；有的店家则会加入十几味中药一同炖煮。不管如何制作，炖好的驴肉在夹进火烧（火勺）后，都同样鲜美。

这道美食的基础，是农耕文化中人该如何表现"仁义"的一种具体行为指导：既不铺张浪费，也不刻意奉承，只需要简单、直截了当、能够果腹的美味就可以了。

从前有句话叫"得中原者得天下"，意思是如果得到了包括河北在内的中原地区，就可以号令天下。为什么呢？除了语言相通，很重要的一个原因是河北人身上有一种非黑即白的真性情。饮食上便体现为不是美味坚决拒绝；若是美味，一分钟便要满足自己的性情。

河北人在品尝驴肉火烧（火勺）时，常常会配一碗小米粥或者

① 面食是由南匈奴从两河流域批次传入中国西北和中国北方的。很多历史文献都记载了有中国特色的面条、馒头、饼、馕、胡饼（烧饼），而火烧就是在烧饼的基础上发展而来的。

绿豆粥。这种主食与主菜、美味与清淡、干与湿的搭配，构成了一种完美的平衡。

平衡是河北人的重要生活态度。燕赵地区是中国传统文化的主要发祥地，当地人在处理问题时，往往都秉承着一种平衡、包容、绝不走极端的态度，也可以说是"不过分"的态度。

读到这里，大家可能会有疑问，之前不是说河北人的性格具有非黑即白的特征吗？其实，这是一种针对美味的情绪性格。所谓情绪性格，是指当情绪在极端状态时，如果爱上了那就是深爱。就像很多在各地工作或求学的河北人回到家乡后，一定会先去吃两个驴肉火烧（火勺）一样，这是一种对美味的极致追求。而所谓的"不过分"，是指河北人在设计这道美食时所表现出的处世智慧：对外部世界的索取不能极尽所需、赶尽杀绝，而要留有余地。其实，河北人正是用这样一种留有余地的方式创造了一种极致美味。

河北人留给我的印象，也是如此。

甘肃：每个人味蕾上的甜醅子

在大多数人的印象中，甘肃似乎是一个十分偏远的西北地区省份。每每提及，首先想到的都是黄土高原、祁连山脉和河西走廊等自然风光。但事实上，在中国的历史文化进程中，甘肃处于非常重要的位置。相传，中国的人文始祖伏羲就出生在甘肃天水；此外，我们的很多农作技术和要领也都是从甘肃天水传入中原地区的。宗教的传播之路也为甘肃平添上了几分神秘色彩。从东西方向看，佛教和伊斯兰教由西向东，经由甘肃传入中原大地；中国的丝绸、陶瓷和道教又由东向西，从这里传入了西域。从南北方向看，藏传佛教（喇嘛教）在这里进行南北交流，这也是蒙古族和满族普遍信奉喇嘛教的原因。大唐时期，汉传佛教由此传入藏区，并逐渐演变成了藏传佛教。因此，甘肃是一个历史、文化、宗教和民族交汇融合，极大地影响了中华民族历史进程的地方。

当我们提到甘肃的饮食，首先想到的一定是兰州拉面，准确地说应该是兰州牛肉拉面，"兰州拉面"只是一个品牌名称。目前，兰州全市有 8 000 多家兰州牛肉拉面馆，每一家店做的牛肉汤和肉料都不相同，并且店家还可以根据顾客的需求，拉出扁平状、韭菜叶状或者圆细条状等粗细不一的面条。如今，兰州牛肉拉面已经成为甘肃省的一张名片。

千万别小看这一碗兰州牛肉拉面，在古代，面条是重要的礼佛用品之一。早期的佛教徒都是苦行僧，平日里以化缘为生，化到什么就吃什么，从来不讲究。当佛教中出现供养制度后，便出现了礼佛用品，面条就是最早的礼佛用品之一，后来才慢慢地传入民间。所谓供养制度，是指有财力、有地位的人，雇请一位修行人代替自己在石窟里修行佛事，供养人需要为这个替他修行的僧侣提供食物。在佛教盛行的河西走廊地区，如敦煌石窟、麦积山石窟等地，许多替人修行的僧侣都常年享受着信众供给的面条。当伊斯兰教由西向东，经由河西走廊进入关中地区后，礼佛的面条便也具有了伊斯兰教的色彩。

这体现了甘肃人对佛教、伊斯兰教的接纳态度，同时也让我们看到了甘肃人的性格特点：习惯以最开放的态度包容和接纳外来文明，并且有将日子过得有滋有味的能力。

　　甘肃分为陇东和陇西，兰州牛肉拉面属于陇东美食，在陇西也有一样著名的美食，它叫陇西腊肉，也就是陇西的肴肉。所有的肴肉都会在制作过程中添加硝，也就是亚硝酸钠。硝不但能使肉色变得粉红，香味提升，还能延长肉的保质期。

　　陇西腊肉和兰州牛肉拉面一样，已经成为甘肃省的一张重要名片。食用陇西腊肉的时候，先加热整块腊肉，然后切成小薄片，夹到白面饼中。吃着夹着陇西腊肉的饼，喝着大碗的米酒，这是陇西人在庆典或家庭聚会上必不可少的美味。陇西腊肉的做法与当地的地域风貌息息相关。陇西是一个风沙盛行、植被较稀少的地方，所以，当家里有好吃的东西时，人们总想着储存起来，待到聚会或者有尊贵的客人上门时再拿出来待客。当地人在制作、食用陇西腊肉的时候，所表现出的对上天眷顾的感恩之情，也很容易让人想到一句中国的俗语——"滴水之恩，当涌泉相报"。这也正是陇西人性格中的闪光点。

　　在甘肃，除了兰州牛肉拉面和陇西腊肉，还有一味很动人的美食——甜醅子。它的原料主要是燕麦仁，做法跟其他地区的甜酒酿类似。但是，由于燕麦仁含糖量高，并且含有很多胶状物，酿出来的甜醅子会带有一种特殊的曲香和甘甜。以前，小孩子常吃一种消化药，叫作食母生，它的味道就有一点像甜醅子。甜醅子的曲香来自燕麦仁发酵后形成的一种微生物，这种微生物酒香不明显，曲香却非常明显。甜醅子酿制好后可以直接吃，也可以加个鸡蛋做成甜汤，还可以加上几勺酸奶、几块水果，调制成一道具有地方色彩的甜品。

　　因为甘肃气候干燥少水，种植大米没那么容易，甜醅子就成为甘肃人因地制宜，利用当地出产的燕麦仁创造的一种独到美味，它也被不少甘肃人视为寄托思乡之情的一道重要美食。也许，一方土地的物产就是这样凝聚一方人情和人心的。

湖南：湘女情长，无肉不欢

　　湖南是天府之国，又被称为芙蓉国、鱼米之乡，这里人文荟萃，人才辈出。湖南人有一个共同点：对世事参悟得非常通透，他们绝不仅仅停留在一件事的表面。

　　有个故事非常能说明湖南人的性格。周扬是湖南人，因为在外面为革命奔走，长期回不了老家。他的妻子吴淑媛很思念他，每年都会腌一坛梅子，整整腌了七坛甘草梅，可直到自己去世都没等到周扬回来。有人说湘女情长，我认为湘女的情长是被湖南汉子的耿直滋养的。那么这种女人情长与男人耿直的性格特点是如何形成的呢？我认为，它与山水有关，与传承有关，与历史有关，当然也与饮食有关。

　　一谈到湖南的饮食，人们马上会想到一道非常地道的湖南菜——腊味合蒸。在其他地方也有腊味，如腊肉、腊鱼、腊豆干①等，可是几乎没有人把它们摆到一起合蒸。在设计这道菜的时候，湖南人知道这几味菜能够贯通到一起的是"腊"字，而且腊肉、腊鱼和腊豆干互不相同的美味组成了非常美妙的复合味道。这种复合味道如果就着湖南当地的烧酒，在一个火塘边和一群好友相聚，我们可以想象能够碰撞出多少思想的火花，激发出多少胸中的豪情。

湖南人喜欢吃肉，有腊肉，当然也有广为人知的红烧肉。猪的驯化对中国农耕社会来说意义重大。如果一户农家养了一头猪，那相当于在家里建了一座小小的化肥厂，一头猪产生的排泄物，是稻田最佳的有机肥。所以在鱼米之乡——种稻的湖南，农民一般会养很多头猪，也就是我们今天讲的土猪。它们不吃精饲料，而是吃猪草，吃动物下水以及各种被丢弃的、很难再利用的废弃食物。

很多人讲红烧肉是非常具有中国特色的一道菜，其中湖南的红烧肉在全国的红烧肉当中又是最具特色的。这个特色建立在猪的优良品种和品质上。如今为了提高猪的出栏率和瘦肉产出，国内引进了很多新品种的猪。这些品种大部分引自国外，国内自己也少量地培育了一部分，可是这些猪的猪肉香味与那些湖南农家土猪肉是完全不一样的。

什么是土猪呢？我们基本可以认定中国土猪的源头有两个：一

_____

① 腊豆干就是将老豆腐丢进草木灰，使其变得更干后，把灰拍掉，烟熏而制成的豆干。

是黑猪，二是蓝塘猪。这两种猪在湖南很早就被大量养殖，因为它们便于饲养，而且出栏率很高。但是它们不像现在一般市面上的商品猪那样，一宰杀就有100多公斤。它们大部分只有50多公斤，但是它们的肉很不同，皮、精肉、肥肉的比例非常适合做红烧肉。之所以提到这一点，是因为肉的选择就决定了红烧肉好吃与否。

我们回过头来讲湖南的红烧肉。第一，它的取材非常精致，猪肉一定是第七到第十肋之间的五花肉。第二，湖南红烧肉使用的酱油是长沙酱油当中最优质的酱油。这种酱油经过长时间的生晒，发酵出十分浓厚的酱香味。一般湖南人在做红烧肉的时候，多少还会加一点当地特有的香料。湖南的红烧肉最有特色，也可以说是因为它的本土特点很明显。这种本土特点就是忠诚，忠诚于自己的味觉体验，忠诚于自己的味觉来源。此外，这个忠诚来得没有道理，人们也不去辨别，只是认为这就是自己乡土的味道，这就是自己家的味道，这就是童年里妈妈的味道。我们之前所说的湖南男人的耿直和湖南女人的情长，多少也和这种源于乡土的情感有关。

湖南地处亚热带向温带过渡的地区，潮湿温暖，非常适合各种微生物的发酵和生长。在湖南的菜肴中，有两味菜跟发酵和温度有关。一种就是臭豆腐。

臭豆腐这种食品在江南一带到处都有。一个人如果在湖南吃过了火宫殿的臭豆腐，立刻就会被这种臭豆腐的香味及特色吸引。这是一种经过腌制，发黑、发蔫、发霉得非常透彻的臭豆腐。首先，制作臭豆腐的人非常善于把握这个发酵的程度以及发酵所带来的霉化作用。其次，制作者很好地把握了豆腐与微生物之间的平衡，不至于在不同的湿度与温度下把豆腐发酵过度。我觉得把火宫殿的臭豆腐做得如此之香（而不是臭）的能力非常不容易。所以，千万不要以为湖南的臭豆腐很臭，其实它非常香。

如果我们聊得远一点，还可以在湖南的木器制作、竹器制作以及铁器制作方面发现类似分寸把握非常精准的特点。把握分寸，是湖南人节度自己的情感、节度自己的豪气，使它们能够为社会、为他人带来非常多有益帮助的一个重要性格特征。看三一重工在湖南的成功就知道了。这是一个制造重型机械的企业，湖南人巧妙地把握各种重型机械的尺寸、重量，通过对这种尺寸、重量的平衡，三一重工在湖南这块土地上成为把握尺度最好的一家企业。由此可见，在工匠精神上，湖南人在臭豆腐制作方面的把控也有异曲同工之妙。

讲到腌制和湖南人对腌制程度的把控，我们不得不提一下湖南的另一种菜——剁椒。剁椒就是把辣椒切碎，和蒜瓣混合在一起腌制的一种辣椒酱。这种辣椒酱并不是酱，它还能保有辣椒和大蒜的原有形态。其中的酸、辣、香、鲜四个味道，非常均衡地在剁椒中被体现出来。湖南人在制作各种菜肴的时候，多少都会放一点剁椒。剁椒的味道相当于川菜中郫县豆瓣的味道，它是辨识湖南菜的一条非常重要的线索。如果你在某个菜的背后能够觉察到一点剁椒的残留，基本可以肯定，烹饪这道菜的厨师肯定来自湖南。

台湾：街边有食神

早期的台湾人口主要是从大陆沿海地区迁徙过去的汉族人，尤以福建人居多。他们越过台湾海峡，同时也带去了许多大陆美食，这些美食结合了当地的人文地理环境，经过一代代的改良、优化，逐渐落地生根，发展出了具有当地特色的独立风味体系。

在台湾地区的传统风味体系中，保存最为完整的当属台湾南部。在这里，有一道鲜有人知的台南美食——刈包，"刈"是"割"的意思。其实，刈包就是蒸肉包，但是要在蒸熟后切上一刀，撒入白糖，吃的时候甜甜咸咸，别有一番风味。大陆也有一道类似的美食，就是四川的甜烧白。如果你吃过甜烧白，便不难想象刈包的味道。在台湾地区，刈包还是一种十分重要的祭祀食品，无论是祭祀祖先还是祭祀妈

祖、关公、土地公等神灵，都会用到它。

与小众的刈包不同，台湾地区还有一样知名度很高的海洋美食——乌鱼子干。乌鱼的学名叫鲻鱼，这是一种在全球海洋中皆有分布的海洋鱼。它的生活习性十分特殊，成体的鲻鱼生活在淡水中，性成熟后，便会游到海洋中产卵。在台湾地区，生活在西太平洋沿岸小河流中的鲻鱼，性成熟后会游到新竹外海的温暖海水中产卵，渔民们便会在此时捕获它们，取卵制成乌鱼子干。用乌鱼子做的鱼子酱也十分珍贵，是全球最名贵的鱼子酱之一，其稀有程度和美味程度绝不输里海的鱼子酱。台湾人是如何烹饪乌鱼子干的呢？通常，他们会将乌鱼子干放在炭火上焙干，然后洒上高度白酒烤熟，切片，配上白萝卜片、蒜片一起吃，奇香无比。这是非常稀有的一种香型，能够创造这样的美食，足以体现台湾人对食材了解的深入程度，以及在加工食材时的用心程度。从某种意义上说，这也反映了台湾人具有将稀有资源深度加工成为高附加值产品的能力，折射出的是他们的营商之道。

除了乌鱼子干，台湾地区还有一样别具特色的海洋美味，那就是飞鱼。捕获飞鱼的往往不是汉族人，而是住在花莲附近的一个台湾少数民族分支人群——雅美人。雅美人非常重视这道美食，他们用飞鱼祭祀或招待最尊贵的客人。

台湾地区目前的饮食习惯主要受三大方面的影响：一是大陆的东南沿海省份，如广东、福建、浙江等；二是日本的饮食文化；三是在一定程度上也受到了西方现代饮食文化的影响。可即便是在这么多元的文化影响之下，台湾美食也依然保留了一些十分独到的特色。就拿我们都知道的米线举个例子。米线在大陆东南沿海地区和台湾都非常盛行，但台湾地区米线的做法跟东南沿海地区的大有不同。东南沿海地区绝大部分是炒米线，而台湾地区做得最好吃的、最有特色的往往是汤米线。台湾地区的汤米线爽滑不烂，鲜美无比，佐料丰富，汤料中可以放入牛肉、海鲜，甚至猪大肠。另外一个例子是四神汤。四神汤的来历其实跟我们在祠堂中祭祖有关。从前，祭祖的时候用宰杀的牛、羊、猪的内脏，做成四种内脏构成的重料的、美味的汤，这种汤被叫作四神汤。[①] 四神汤传到台湾地区后已经变成一个大街小巷都有的美食，而且在四神汤的基础上当地人又添加了台湾地区独有的咸菜，使汤汁更加美味、清澈，延伸出了台湾地区独有的风味。台湾美食往往不在大饭店，而是在街边的小摊上。

　　台湾人的性格与台湾地区美食的风格有诸多关联，不难看到，几乎大部分台湾地区美食既保留了那些中国大陆饮食文化"根"上的东西，又结合当地的人文环境发展出了自己的特色。台湾人的性格也是如此，两岸同根，台湾人在中国血脉的滋养之下，不断开拓出在新的生存环境中的一些新发现。

---

① 四神汤，原名"四臣汤"，台湾话中"臣"与"神"谐音，而四臣，即取"事成"之意。现在四神汤的做法是用芡实、莲子、淮山和茯苓煨煮猪肚。——编者注

餐饮餐饮，除了餐，当然还有饮。台湾地区的饮品当中最具特色的是冷泡庐山乌龙茶。庐山乌龙茶既不是冻顶乌龙，也不是文山包种或东方美人，而是一款茶秆粗壮、茶叶肥厚的乌龙茶。这种乌龙茶是台湾地区独有的，喝法比较特殊，要用冷泉水泡，味道很妙。除了冷泡乌龙茶，台湾地区的特色饮料还有很多，比如小米酒。不管乌龙茶还是小米酒，我们都不难发现，台湾地区的饮品并不讲究历史渊源，也不讲究食材获取难易、高贵与否，更不讲究制作工艺的复杂性，而是讲究能不能简简单单地享受到这一杯饮品所联结的山水情怀。

当喝着冷泡乌龙，饮着小米酒，再品尝一口乌鱼子干，或吃一碗台湾米线时，你便能感受到台湾地区美食的接地气：美食不在历史渊源，不在工艺流程，仅在打动你的那个瞬间。

江苏：美食在碗，不问明天

　　我们今天说的江苏省，实际上是古代中国（尤其是明清两朝时期）最大的一个省——江南省。今天的江苏省居于当时江南省的核心区域。江南省在过往还包括了山东（今山东鲁南部分地区）、安徽和浙江的部分地区。江南省地域辽阔，物产丰富，工商业十分发达。在当年，江南省不仅产值占到全国财政收入的一半以上，还形成了众多美食流派。

　　因流派众多，要谈江苏，恐怕仅仅取几道菜，很难将当地的饮食文化和人文性格讲清楚。因此，我们把江苏分成苏北和苏南两个部分分别来看。

　　苏北地区，通常是指江苏的北部地区，这里诞生了中国大地上一个赫赫有名的菜系——淮扬菜。淮扬菜的产生和发展离不开丰裕的物产条件。苏北地区一面倚靠洪泽湖和长江流域，一面沿海，拥有极其丰富的长江物产和海洋物产，同时，这里又是历史上有名的盐业生产基地。这一切为淮扬菜奠定了十分坚实的物质基础。

苏北地区①的流动性很大，在历史上，这个地区曾出了两位开国皇帝，一位是汉朝的刘邦，一位是明朝的朱元璋。他们在乱世之中审时度势，登高一呼，带领众人建立霸业的能力，在今天的江苏人，尤其是苏北人的性格特征和行为表达中也有所体现。

淮扬菜品类众多，菜色丰富，要在其中选一道做代表，实在有些难度。我考虑了很久，最终决定选择"水煮干丝"，以此菜为代表看苏北地区的饮食文化。水煮干丝中的"丝"并不是豆腐干的丝，而是南豆腐的丝。这道菜对刀功要求极高，切出来的丝要能够穿过针眼。南豆腐切丝后，烧一锅混了猪油和芝麻油的"响油"浇淋其上，再加入上好的切丝金华火腿，和鸡肉、排骨一起高汤水煮。这道菜既讲究刀功，也讲究火候，更强调不同食材之间味道的碰撞——火腿、鸡肉、排骨和豆腐的味道搭配在一起，确实绝妙。

水煮干丝作为淮扬菜系的一道经典菜、看家菜，曾多次在国际厨艺大赛中获奖。从苏北人在烹饪这道菜看时所下的功夫，足见他

————————————————

① 通常意义上的苏北地区，是指江苏的北部、长江的北部，以及跟它有关系的安徽部分地区。

们坚忍和耐心的品质。

离开苏北，南下苏南，可以感受到明显的不同。相比苏北人，苏南人更讲究，并且手工十分精巧。前文讲过，中国最早的核工业基地就设立在苏州，为什么呢？因为苏州人的手艺是全国最好的，比如双面绣和苏州评弹。在苏南人的情怀当中，这种精致、这种手艺更多地表现在评弹和庭院中。如果我们在留园、在拙政园走一圈，就能够深刻地感受到苏南的那种文化，它并不想怎么号令天下，而是非常想把自己的小日子过好。所以苏南出过很多名士，但就是没有出过皇帝。

如果要在苏南找一个能代表苏南人的性格，并且苏南人也经常享用的一道菜肴，我想莫过于"秃黄油"了。什么是秃黄油呢？就是取苏南的太湖、阳澄湖、固城湖盛产的大闸蟹之膏、黄，然后在猪油当中爆香，即成这道美味。实际上在长江流域，很多著名的蟹粉豆腐、蟹粉汤面、蟹粉包的主要原材料就是秃黄油。秃黄油表现了苏南人对一种食材的深刻理解。比如，什么时候螃蟹是最肥美的，什么时候雄螃蟹的膏是最丰润的；又比如，苏南人为吃螃蟹发明了"蟹八件"，利用这一工具，他们可以优雅地把整个蟹肉和蟹黄全部提取出来，制作成秃黄油。

如果我们去上海福州路的老正兴，还可以吃到一道与秃黄油类似的江南名菜——"英雄烩"，它是用雌螃蟹的黄炒雄螃蟹的膏。这道菜是非常有名的老正兴镇店之宝。①

我觉得苏北人更愿意表现自己，愿意登台；苏南人更愿意看热闹，更愿意做观众，更愿意指点江山，更愿意远离政治权斗，所以这两者在饮食方面表现得也非常清晰。

在春天的长江，我们会遇到非常有名的"长江三鲜"。长江三鲜都是洄游的鱼类，即鲥鱼、刀鱼和河豚。但今天在长江的自然水域当中，基本上已经找不到鲥鱼和刀鱼了，偶尔还能够发现一些河豚。河豚是一种有毒的鱼，可是河豚肉非常鲜美。俗话讲，"拼死吃河豚"，就是拼了命也要去享受河豚的美味。

今天我们在餐馆吃到的河豚，基本都是养殖出来的，毒性也只有微毒，几乎对人没有伤害，而且处理河豚的厨师都是持证上岗，他们会对河豚最具毒性的部位——内脏、卵巢、头部、皮下和血液——做彻底清洗，所以今天几乎可以无所畏惧地去吃河豚了。在江苏的扬中市，我们可以在街边看到一些饮食店门口插着一面蓝色的小旗，到有这个标志的店就能够吃到河豚。

过去在无锡江阴、镇江扬中一带，吃河豚是一件很冒险的事情。如果有人跟老板说是来吃河豚的，老板会让食客随便掏点钱摆在桌面上。那时候还有一分钱，有的人也会掏一分钱摆在桌面上，吃完了没死就要把余款全部付清，如果死了这顿饭就是一分钱，这

---

① 现在的老正兴已经没有"英雄烩"这道菜了。老正兴在民国初年搬到南京和上海（开分店）后，当时这道菜确实是老正兴的镇店之宝。

是当年在江阴、扬中吃河豚的景象。河豚肉的确非常鲜美、嫩滑，吃法也很多，比如做成河豚鱼汤、红烧河豚，还有就是用开水烫一烫，蘸着料吃。所以河豚的吃法也有三拼、五拼、七拼跟九拼之说，这也是当地人的一种忌讳，即不吃双的只吃单的，要避免不好的兆头。他们认为，逢单是奇数，奇数就一定有运气，可见吃河豚要冒多大的风险。

在江苏的长江流域这一线，人们是乐于也勇于冒险的。这一线在经济社会发展过程中就曾出现过一个全国性的标杆——华西村。它敢为人先，变成了中国农村现代化历程中曾经的一个样板。

在长江流域这一线，我觉得当地人的性格中多多少少都有一点勇于吃河豚的那种拼劲儿，敢为人先，也敢于尝试新鲜事物，愿意做一个勇敢的弄潮儿。

其实苏北人和苏南人的性格有着很大的差别，所以我们不能够用江苏一个特有的饮食来代表所有江苏人的性格。我觉得江苏人的性格的确是中国人性格的某些代表，也是一种缩影，而且这种性格造就了江苏的辉煌、中国的辉煌，也成就了他们对自己地域的热爱和一种表达，并且以此为骄傲。

你永远不知道山东人的煎饼里卷了什么

山东被称作齐鲁大地，实际上，齐鲁两地的饮食习惯有着明显差别。

山东所处的地理位置和气候条件都非常优越，既有丰富的陆地物产，也有丰富的海洋物产。在考古发掘的大汶口遗址中就能发现，在很早的时候，山东人就已经对海洋生物有所了解，并且形成了独特的烹饪方法。当地出土的许多陶器、青铜器，也都跟海鲜烹饪有关。

齐鲁大地的饮食习惯既有高档的一面，又有接地气的一面。鲁菜是中国的八大菜系之一，今天我们所指的鲁菜涵盖了齐鲁两地的名菜。鲁菜有一道当家菜，叫九转大肠，这是用猪大肠制作的一道美味佳肴。它的制作工艺非常复杂，清理大肠和烹饪大肠的工序有 17 道，是一道既考验刀功、火候，也考验前期处理技术的功夫菜。要把大肠做得皮脆、肉嫩、口感筋道并不容易，需要十分讲究的工艺，就连卤汁也要经过特殊烹饪。

九转大肠代表了齐鲁人地上的老百姓对生活的态度：精致，细腻，有条不紊。我们不妨大胆推想一下，为什么孔子和孟子这样的圣贤都诞生于齐鲁大地，这与他们认真观察和分析事物的态度和方法，以及将这种态度和方法运用到生活中的能力有关。

还有一道鲁菜是很多人都没怎么注意到的，但我认为它十分能代表山东人的性格，那就是山东沿海地区常吃的鲅鱼水饺。一般的北方水饺都是肉馅儿或菜馅儿的，可是山东人却独用了一种当地沿海地区非常容易获取的鱼——鲅鱼。鲅鱼是山东当地的叫法，其实就是马鲛鱼。如果你有机会去烟台、威海、青岛旅游，当地的亲朋好友一定会请你吃上一顿鲅鱼水饺。这道美食的背后折射出山东人在交互关系中所表现出的互动、变通，以及就地取材的生活态度。

说到山东，很多人会想到煎饼。如今的山东煎饼种类丰富，有白面做的，有玉米面做的，甚至还有地瓜面做的。但最初的煎饼大部分是以豆子或高粱为主材，这种吃法体现了山东人接地气的一面。如果要描绘一幅山东人的美食地图，煎饼绝对是覆盖面最广的一道美食，无论是在内容还是在形式上，这道美食都已经被山东人发挥到了极致。

我们印象里的山东煎饼都卷大葱，事实上，在山东人手里，煎饼能卷的东西太多了。有些地区的煎饼确实是抹上大酱卷大葱的，但光是大酱种类就有很多，既有普通的豆酱，也有肉酱，还有用紫苏叶腌制的酱，甚至有用西瓜腌的大酱。煎饼里的卷菜除了大葱，还有鸡蛋、豆芽、青菜、韭芽和炒好的豆腐丝，以及各种各样的杂碎、肉类等，可以说是"百花齐放"。

　　过去的山东人闯关东、走西口。很多人以为走西口的只是山西人，其实不是，其中有一半都是山东人。山东人的性格正是如此，他们从不畏惧或者局限于任何既定的事物，而是乐于去发现不同，并且把这些不同都收入囊中，包裹在自己能够控制、认知和带来愉悦的这一片薄薄的煎饼之中。

章二

迁·徙

南来北往

我把异乡吃成故乡

滋味人生

　　人类总是在自己的生命进程中寻找最佳的居住环境。我们对桃花源的追求，是我们想在诗和远方中寻找到自己的归宿，这多么浪漫。但在现实的环境中，大量存在的迁徙不是为了追求诗和远方，而是由环境的改变导致的，比如战争、饥荒、动乱、人口基数过大、食物来源短缺等。这种迁徙就是人们带着自己过往的生活背景和经验，去寻找自己适合生存和生活的地方。在这个过程中，我们会把自己熟知的种子、牲畜，包括各种各样的宠物，带到他方，然后在当地将这些物种重新进行培育、繁衍。这种物种之间的互相适应、互相结合，不但形成了新的物种，在对新的物种进行驯化、培育、采摘、储存、加工的过程中，我们还形成了全新的生活方式。比如，客家人发现的各种各样的木薯、魔芋，还有他们居住环境所形成的围楼，他们的打井技术，都是客家人从黄河流域向长江、珠江、闽江流域迁徙的过程中，逐渐地改变、适应并且形成了自己全新生活方式的最好例证。

　　这种迁徙除了带给我们新的发现，以及我们新驯化的物种，也带来了我们在原有生产工具基础上的改良和改进，形成了新的耕作、养殖和培育方法。早期的人们并不会驯养鱼类，他们把驯养猪、羊、鸡、鸭的技术运用到鱼类的繁衍、驯养过程中，形成了中国独有的四大家鱼的生产模式。

在这个过程中，迁徙不但让我们发现了新世界，也让我们创造了新生活。人们在迁徙中发现和遇到的重新杂交而形成的物种，让我们的生活更加丰富，也为我们以后拓展生产领域和收获来源，发展全新的生活方式，带来了物质基础。这是早期迁徙的一个结果。

在现代，随着工业化的发展和城市集群的形成，大量的人口迁徙到一些工商业密集的城市中，也把农村的很多生活方式带进了新兴城市，让我们能够在新兴城市中更多地了解自然环境中的生活状态，也让我们把城市高效管理的生活方式和经验运用到自然环境中，从而促使自然环境和资源更加优化，提高我们的收入，丰富我们的生活。

常言道，"人挪活，树挪死"。人的迁徙给我们带来世界的活力，也为我们的新生活以及创造新的生活方式带来源源不断的动力。

跨越山河大海，食材与人相遇

　　远古时期，人类跋山涉水、不远万里地寻找食物，从狩猎、采摘慢慢过渡到驯养动物和植物，这个过程是人主动寻找食物的过程。随着工业化的到来，各国之间互通有无，很多食物都随着贸易进入异国他乡，这时，食物开始主动与人相遇。今天我们餐桌上经常出现的很多食物都是舶来品，比如辣椒、西红柿，又比如我们赖以生存的粮食玉米和甘薯等。这些外来食材的进入，也使我们的性格在与这些食物的邂逅中发生了一定变化，形成了新的视野和格局。

　　明末清初，我国经历了一场大规模的劫难，北方大旱，南方大涝，饥荒袭击了全国。福建人陈振龙冒着生命危险将薯藤带到福州培植，种出了甘薯，拯救了大量生命。随后，甘薯渡过长江来到北方，短短的 17 年间产量就超过了南方，养育了大量的新生人口。

中国古代有这样的记载，因为食物短缺，很多 70 岁以上的老人会被自己的子女送上山去见山神——其实就是让他们在深山里慢慢被饿死，今天在湖北及河南南部我们还能发现这样的洞穴。很多地方的民俗也有在一定年份禁止婴儿出生的传统。当粮食供给日益充足后，人们不再受制于食物的短缺，人口才得到了充分的繁衍。

当年，甘薯、玉米进入中国后，带来了中国人口数量指数级地上升，很快从不到 1 亿发展到了 4 亿。4 亿人口与 1 亿人口相比，性格特征自然会发生巨大变化。1 亿人口时，中国人的性格是向外寻找自己存在的价值，寻找未知世界的答案，比如开垦土地、航海等。当人口极度膨胀后，人类考虑更多的便是社会化的生存问题，比如，如何区分某个姓氏家族跟另一个姓氏家族，因此出现了社会结构的大变迁，以及政府管理的重大变革。

人口与文明之间的关系，就是选择用一种什么样的秩序来管理人口的问题，所以文明也是基于人口增加而形成的。文明就是一种秩序，而在这种秩序的管理之下，人们的创造力，以及认识世界和认识自己的方式都发生了巨大变化。当人们与自己不熟悉的事物相遇时，就不得不思考如何观察和理解新事物，是采用拥抱接纳还是排斥抵制。

食材也是如此。当人类与陌生食材相遇时，同样的考验也摆在了我们面前：如何认识和利用它，使其成为对自己的生存和生活有利的要素。是否经受得住这种考验需要人类的智慧。新食材与人类的相遇过程，也使得我们的观察能力、分析能力和思考能力得到锻炼和提高。在接纳和利用它的过程中，我们的心胸会变得更开阔，也会创造出与它原来的样子完全不同的新面貌。

起初，辣椒是作为观赏植物传入中国的，慢慢才演变成为食材，后来又在中国发展出了麻辣、香辣和酸辣等不同的味道，每一种新味道都使辣椒的辣味得到了新的提升和演绎。我们也在接受新事物的过程中，享受到了新的感动，创造了打动我们生活的全新要素。

我们与新食材的相遇，创造了人类包容、接纳新事物并且将其融入自己生活圈子的能力。这种能力也成为一种重要的性格基础，推动了我们命运的轨迹。

无论是主动去寻找我们赖以生存的天地和水土，以及那一方水土上的丰富物产，还是与外来食物不期而遇，都让我们对这个世界多了一种认知，这种认知让我们看清了自己。

可以说，人类就是一方水土的一部分，人类与水土的关系不是对立的，而是互相依存的。这种依存关系造就了我们的性格，造就了我们与其他水土所养育的人之间的差别，让我们更加热爱自己脚下的这方水土，也就是这份乡愁。无论我们谈美食还是谈乡愁，归根结底都是在谈大地恩情。

捞起捞起，捞到风生水起

在古代客家人眼中，祭祀祖先是家庭生活中必不可少的重要活动，而祭祀时一定不能缺少的是"牲气"。可是在南迁过程中，牲口很难随人一起迁徙，因此客家人创造出了一样祭祖的替代品：馃子。馃子的品种多样，有用米皮做的，也有用面皮做的，里面包裹的是客家人能够得到的最佳食材，有荤有素，有肉也有海鲜。发展到后来，馃子已经成为客家人必不可少的一样祭祖物品了。

除了馃子，客家人还有几样非常有名的美食，也都与祭祖有关。第一种就是盐焗菜。早期客家人在迁徙途中，会偏向于寻找盐产区作为定居点。古代先民寻找定居点基本都会遵循三个原则，即有水、有盐、有树木。满足这三点的地方，通常既能够保证人类的生存必需，也能够保证能源供给。在古代，柴火是非常重要的。有了盐之后，客家人就开始试着用盐来焖制鸡、鹅、猪头之类的牲禽，慢慢地形成了客家菜中非常著名的一类美食——盐焗菜。现在我们接触较多的盐焗菜基本都是盐焗鸡，盐焗鹅、盐焗猪头相对少一些。盐焗这种制作方式的好处在于，即便是处于南方潮湿的气候中，食物也比较便于保存，不容易腐烂，在祭祀活动结束后，大家又可以分享。

第二种是盆菜。在迁徙的过程中，客家人往往没有办法凭借一个人或者一个家庭的力量来对抗原住民的敌视，也没办法单独解决他们面对的各种困难，而必须集中一个群体的力量来维持生活。所以，我们现在在闽北、粤东、粤北地区，仍然能够发现很多客家人在迁徙途中建造的一些围屋。围屋就是客家人聚居之处。伴随着围屋，一种客家的特色饮食——盆菜出现了。盆菜的起源有这样一种说法，说是住在同一个围屋的客家人，每家都会拿出一样不同的食材，把这些食材放在一个盆子里煮熟一起吃，慢慢地就形成了盆菜。这道菜的出现，与围屋以及客家人的团结精神都有着非常密切的关系。

第三种与祭祖有关的客家菜就是酿菜，这是客家家庭年夜饭上必备的一道菜。早期的客家人来自黄河流域地区，黄河流域的人在过年的时候，最愿意跟家人分享的美食就是饺子。可是南迁之后，南方没有面粉，很难包饺子，这个时候，客家人就发明出了一种既有饺子的内涵，又不是饺子的客家菜——酿菜，从酿豆腐开始，一直到酿节瓜、酿葫芦、酿辣椒、酿苦瓜等。"酿"其实就是用豆腐、素菜等代替面皮,做成客家人自己的饺子。

除了酿菜,鱼生(生鱼片,中国古称鱼脍)也是客家的特色菜。早期客家人是由北向南迁徙的,他们在中原地区长期接触到的是河里、湖里的水产,等到了南方以后接触到的也是南方的一些淡水水产。现在很多人以为鱼生是一种日本料理,其实这是唐朝时被日本的遣唐使带回日本的一种中国美食。中国北方很早就有吃鱼生的习惯。《齐民要术》中有记录,北方人会用鲤鱼做鱼生吃,客家人到了南方后,从江西九江到广东湛江,一路上留下了许多用北方料理方法烹饪南方水产的痕迹,比如,客家人最常见的用来做鱼生的淡水鱼也是鲤鱼,这跟北方的鱼生是一模一样的。

客家人在南迁过程中创造了很多河鲜菜肴,其中有三道很有代表性。

第一道是捞起(广东话和"捞喜"同音),寓意为:捞起捞起,捞到风生水起。这是用一种淡水鱼做的鱼生,配上萝卜丝、酱醋以及各种调料,大家围坐在一起,用筷子调拌均匀后食用。

第二道是用河蚌肉来炖鸡或者炖猪蹄。河蚌是非常鲜美的一道河鲜。客家人在迁徙过程中发现了一些蚌壳类的食材,这些食材在北方不太容易看到。用蚌肉炖鸡、炖猪蹄,在客家人的饮食习惯中有特别的讲究,即一般是炖给有特殊需要的人吃,比如老年人、受尊敬的长辈、受了伤的人或是在哺乳期、生产期的妇女等。由于北

方天气寒冷，很少能找到河蚌，自然也没有这道菜，这是客家人在
迁徙过程中发现的一道专有美食。

第三道菜就是焖鱼腩。客家人会用烧肉，也就是一种烤制过的
猪肉来烹饪鱼腩，风味十足。

在整个南迁的过程中，客家人一路都在观察和发现可供利用
的食材。木薯的传播，就是客家人南迁对南方饮食的一大贡献。其
实，史料记载，木薯在客家人进入南方之前就已经有了，但并没有
被当地人利用。木薯是一种淀粉含量很高的植物茎块，客家人发现
木薯以后，不但利用木薯制作老鼠粄①之类的主食，也会用它制作
各种各样的甜点，比如冲管糖、饴糖糕等。除此之外，客家人还发
明了木薯酒。客家人把这种粗粮细作的传统从中原带到了南方，也
将南方的一些食材和新发现的粗粮类食材做成了精致的美味，为中
国饮食文化做出了不可忽视的贡献。

---

① 老鼠粄是一道以黏米、肉碎、葱花、胡椒粉等为主要食材制作的客家菜。粄，
是客家语和海南话的特色词汇，是一个古汉字，现代汉语中只是一个异体字，
本义为大米制作的食品。——编者注

辣椒与花椒

四川，是一个在中国的历史长河中有过多次外来文化融入的地区。史料记载，明末清初的时候，张献忠的大西政权和清朝政权在四川长达十多年的战事，造成四川十室九空。事实上，真实情况远甚于此，据说当时有一个县长前去就任，推开县衙的大门，发现里面竟然是一个老虎窝，可见当时那里的荒芜程度，所以才有了后来清政府命客家人填川的典故。除了南迁的客家人，四川周边省份，如甘肃、陕西、湖北还有贵州、广西一带的人们，看中了四川闲置的大量荒地和发展机会，也都去了四川。因此，四川人的口味在这个时点发生了很大的变化。

现存的四川菜肴主要分为辣椒进入四川前的四川官府菜和辣椒进入四川以后的新川菜。

———

①　图中文字仅为方言的音译。——编者注

　　什么是官府菜呢？如果你对四川菜有一些基本了解，一定知道芙蓉鸡、东坡肘子和甜烧白，这几道都是典型的四川官府菜，以清淡、精致、用料讲究闻名。

　　四川人的性格特征也与官府菜的特点有相似之处，他们最大的性格特点就是脚踏实地。都江堰就是四川人这种脚踏实地，体现辛勤劳作精神的代表。这个著名的水利枢纽工程仅仅占地 2.2 万平方千米，却集防洪、灌溉、泄洪三大功能为一身。另一种著名的川蜀特产——蜀锦，也体现出四川人性格中精致、细腻的一面，在每一个方寸之间，都要把自己的理念贯彻到底。

　　上天赐予这片土地丰饶的物产，四川人自然能够巧用它们，做出非常有特色的美食。如果做芙蓉鸡的鸡肉不够鲜嫩，做出来的芙蓉鸡就不够软滑；如果做东坡肘子的肘子不够丰溢，做出的东坡肘子就不够香，这两道菜都体现了四川人对食材的钻研与挑剔。至于甜烧白，它其实是将豆沙裹在五花肉中一起吃。这道菜将肉的鲜美和豆沙的香甜混合在一起，满口鲜香，一般在喜庆宴席上才会出现。这三道官府菜有一个共同特点，就是食材的特性被特定的烹调方法表现得淋漓尽致，不用加什么特别的调料，食材的本味就足够调制出一道美食。

　　四川人性格当中另外一个十分鲜明的特点是，四川人不把生活的压力当压力，对他们来说，生活是他们用来演绎自己幸福的一个手段。

辣椒是一种耐病虫害、耐贫瘠、耐潮湿的作物，四川的土地大部分是酸性土，地下水位高，土地潮湿，非常利于辣椒的种植和生长。因此，当客家人"填川"将辣椒带入四川以后，辣椒就在这片土地上流行开来。

在四川人的早期饮食习惯中，他们是非常喜欢使用花椒的。花椒是中国本土的一种调料，能够使我们的味蕾全面打开，在麻的感官体验之下，对我们理解食物的鲜美提供了更加丰富的背景参考。这就好像演戏时如果有一个深蓝的背景，那么表演就更充分、更醒目一样。在麻的调味背景之下，甜也好，咸也好，辣也好，都会被衬托得非常出色。

四川人把麻和辣结合到一起，形成了四川独有的一种味觉体验——麻辣。在麻的衬托之下，辣既被放大，又被引导到食材所特有的鲜香中去，可以说是一对天造地设的绝配。麻辣的经典菜肴非常多，比如麻辣豆腐。相传，麻辣豆腐被陈麻婆改良后，常称麻婆豆腐。这道菜在川菜中地位很高，它的口味又麻又辣，伴有豆香，再加上豆腐嫩滑的口感，吃起来味觉层次丰富，体验独特。现代川菜中的很多菜都与麻婆豆腐有关，鱼香肉丝、宫保鸡丁等其实都与麻婆豆腐味道基本相同，只是食材不同。

四川还有一道经典的麻辣菜，叫夫妻肺片。很多人以为这道菜单纯是用动物的肺脏做的，实际上并非如此，夫妻肺片中不但有牛舌、牛肚，还有牛心等多样下水以及牛肉。它的制作方法与麻婆豆腐完全不一样。调制夫妻肺片时要先在普通的汤水中，将这些食材烹煮得松软可口，然后才将麻辣的调味料浇上去，使其入味。这道菜是用麻与辣共同衬托出杂碎的鲜美，并且掩盖杂碎的腥味和膻味。

通过简单介绍这两道菜肴，我们可以发现，在一定的背景之下，现代的四川人很容易将自己的个性表达出来。从四川保路运动中的袍哥^①情谊，到川军出川抗战，我们能看到现代四川人性格的很多特点：在家仇国难的背景之下，四川人是如何把自己的热血通过自己的实际行动和爱国热情表达得淋漓尽致的。

所以，我觉得现代川菜的一个最大特点，就是能够在你享受麻辣为代表的川味中忘我，忘得开开心心、坦坦荡荡。

---

① 四川的哥老会（也叫袍哥会）成员被称为袍哥。——编者注

上海菜的包容性

在中国，没有哪一座城市比上海更具全球化、国际化的视野，这种论点其实主要基于一个基础，即上海是由移民构成的城市。上海的移民主要来自长三角地区，比如宁绍平原的宁波、余姚、慈溪、绍兴，还有江苏省的苏州、无锡以及安徽省，这些移民构成了上海现居住人群总构成的绝大部分。当然还有一部分上海人是从北方、西南边疆来的。因此，上海人的饮食是移民性的饮食，包容性极强。

打个比方，前文提到的上海福州路上的"老正兴"，这家菜馆其实是100多年前杭州人开的，并将杭州菜引入上海。一般我们去老正兴用餐都会点它的招牌菜——草头圈子、英雄烩和秃肺鱼汤①。现在已经没有多少人知道这几道菜的出处

---

① 这里的鱼指的是青鱼，只有青鱼的鱼肝称为"秃肺"。因为鱼是没有肺的，只有气泡，故有语："当此民间鱼味，误把鱼肝当作肺。"

其实是浙江，反而都把它们当成了上海菜。上海人也会很骄傲地向外地朋友介绍，"这是阿拉上海菜"。

　　除了中国菜系上的兼容并包，上海菜的包容也体现在它的国际化上。50年前，上海最著名的西餐馆是"红房子西菜馆"。这是一家法国餐馆，这家店原来在长乐路、陕西路的路口，如今已经搬到了淮海路上。"红房子西菜馆"是最早把蜗牛这道食材带入中国的。可是后来蜗牛这道食材没有了，怎么办？苏北地区有很多蛤蜊，"红房子"竟然推出了一道蛤蜊菜，用烙蜗牛的办法烙蛤蜊，这道菜还入选并成为最具创意的法国菜。

　　在这样包容性的饮食背后，我们也可以看到上海人的性格特点。上海是一个兼容并蓄、极具包容性的城市，这是任何移民城市都有的特点。但是任何特点都有它的两面性，就像一枚硬币的两面，它有包容的一面，也有排外的一面。所以当上海人去全国其他地方的时候，他们基本上把那些地方当作乡下，有种唯我独尊的感觉，所以也惹来了不少白眼。

　　上海菜的包容性不但体现在"食"上，也体现在"饮"上。绍兴黄酒是长三角地区被很多人用作餐酒的一种酒品。黄酒进入上海后，上海人在黄酒里面掺入蜂蜜，制成了一种具有上海特色的弄堂黄酒。这种改变体现了上海人对饮食的理解，在这种与饮食的互动中，上海人的性格特征也逐步彰显出来。

　　从上海往南走，便来到了绍兴和宁波。这两个地区物产十分丰富。很多人都知道金华火腿，但可能大多数人都不知道，金华火腿的制作技术最早发源于绍兴。绍兴人调整了腌制咸肉的方法，在其中加入了一些香料，之后就出现了早期火腿的雏形。后来有人将这种腌制方法带到了生猪的主产地金华，结合安徽、贵州等地的腌制方法不断改良，才有了现在的金华火腿。金华火腿的成名大约也就500年的历史，而在此之前，绍兴人就已经知道如何用香料来长久地保存食物了。如果你有机会去绍兴的安昌、陶堰镇转一转就可以发现，绍兴人在菜肴当中使用香料，并且将香料用到极致的方面还有很多，比如绍兴的霉干菜、腌冬瓜和酱鸭等。

在这种浓酱重香的食物环境的抚育之下，我们可以看到绍兴人的典型性格特征——稳重，深沉，冷静，善于思考，并且可以很周密地去把控一件事情的走向。绍兴人的这些特点在宁波人身上也能看到。宁波人在腌制海产品上做的各种酱，除了以盐为主，也都使用了各种香料，如泥螺、炝蟹。而且在享用这些食物时，我们会发现他们对自己的感官和兴奋点的持久刺激是无以复加的。正因如此，我们很少有机会在宁波人、绍兴人的餐桌上听到他们大声地交谈、喧哗，他们面对食物时的那种专注和享受，更加修炼了他们深沉周密的性格。因此，当地诞生了很多能够沉得下心认真思考的科学家，与食物并非完全无关。

不惧漂泊的天津美食

要说中国的移民城市，我认为最地道的还是天津。天津最开始叫天津卫，只是一个防御性的堡垒。太平天国动乱后，李鸿章手下的军队淮军奉命在天津卫驻防，于是才慢慢有了港口和租界，形成城市。所以，天津的历史比我们所了解的国内几乎所有的大城市都短，天津主要是外来人口，当中很大一部分人是安徽籍的。

讲到天津，很多人立刻会想到天津大麻花。其实，天津大麻花的原型是安徽的一种点心，传入天津后落地生根，逐渐演变成了大麻花。麻花在全国各地都有，最早的麻花是软的，体型较小，介于我们今天所熟悉的硬麻花和油条之间。

麻花真正的祖先叫馓子，我们的先人把馓子和面条卷在一起，就变成了麻花。早期的麻花是中原地区的人就着麻辣烫和各种各样的馓子汤一起来吃的。传到安徽后，麻花演变得比中原地区的麻花硬多了，后来由淮军带入天津。

同时被带入天津的还有我们熟悉的煎饼果子。煎饼是从鲁南传入皖北的，经过皖北人改良，加上鸡蛋，卷入油条，就变成了煎饼果子。煎饼果子现在已经成为一道地道的天津早餐小吃，它也部分反映了天津形成的历史。

谈天津自然离不开狗不理包子。其实，狗不理包子也是一个流行在安徽地区的小吃。我们讲了这么多安徽，为什么都停留在安徽的北部呢？实际上，当年构成淮军的主力都来自淮北，淮南地区比较少，所以淮北人就把自己家乡的东西带到了他们所驻防的天津卫，留下来后就成了天津的一道美食。

狗不理包子基本上就是一种小笼包，但不同的是它的面皮是用发面做的，小笼包的面皮是死面。狗不理包子能吃出面的鲜香、肉的肥美和汁的鲜浓，这些美味都混合在味蕾中。所以，狗不理包子在中国的整个饮食系统当中是独树一帜的，而且是一道非常感人的美味小吃，它也部分代表了天津人的生活态度和看待世界的态度。

有一款在天津生产的咸菜却在中国的南方，尤其在广东、福建被认为是不可或缺的一个配菜，这就是津冬菜，全名为天津冬菜。津冬菜是用大白菜和蒜皮腌制的，这里讲的"蒜"不是我们平常吃的大蒜，而是青蒜。津东菜在广东人、福建人调制的海鲜，以及他们调制的很多传统美味当中是非常重要的一道配菜。这个津冬菜正是安徽人平时自己腌制的一种咸菜，在安庆一带曾大量存在，但是在安庆这些腌冬菜现在已经很少有人知道了，可是津冬菜却广为人知。不但在我们中国是这样，即使跑到西方卖中国食品的超市去，你也一定能够找到津冬菜。

在天津还可以找到两款它生产的好酒，一款是高粱烧，另一款是玫瑰露，这两款酒也是源自安徽。玫瑰露不是由玫瑰酿制的，它是用一种红皮高粱酿制的，酒露里有玫瑰色，所以被称作玫瑰露。这款玫瑰露非常像最早的中国白酒——诸暨的同山烧。同山烧也是玫瑰色的，但是玫瑰露的酒味更醇、更鲜、更甜。

我们可以发现，天津这个城市的发展离不开安徽淮军曾在那里的驻防。驻防不但保卫了经济地区的发展，更多的是把安徽的一些饮食习惯带到了一个新的地方。伴随着这样的历史基因跟文化基因，我们可以体会到天津人的性格里面就有这种不怕漂泊，也不怕在整个剧目当中扮演一个配角的特点。天津人调侃自己从不手下留情，人们也常说"北京的油子，天津的皮子"，其实就是说天津人在自我调侃、自黑以及黑色幽默当中非常前卫的表现。如果大家不信，可以去听听马三立先生的相声段子，他的表达就是一种天津人自嘲、自嗨和自我幽默的典型代表。

淮南王炼丹求永生，竟炼出了豆腐

在中国大地上，安徽是一块非常神奇的土地，这里不仅有好山好水和田园式的生活方式，还是中国历史上十分成功且影响巨大的徽商发源地。同时，这里也是许多中国现代思想家的故乡——胡适、陈独秀都是安徽人。

我们今天所说的安徽，囊括了安庆和徽州两大地区。"安"以安庆为中心，主要是指皖北地区。皖北地区的物产和以徽州为代表的皖南地区有很大差别，文化传统也很不一样。

皖北的饮食中有一道大家非常熟悉的菜——小刀面，它既是一道菜，也是一道面点。小刀面起源于皖北，但在今天的巢湖地区比较多见。小刀面是怎么来的呢？其实，它来源于开封市兰考县的大刀面，只是安徽人不再用三尺长、四

斤重的大刀片来切面，而是改用一种小刀；面条也不再用长江北部地区常见的白面做，而改用长江南部地区种植较多的红麦——红麦更加筋道，且具有独特的面香。这样一碗面条，配上当地盛产的虾子，十分酣畅美味。

虾子就是怀孕的母虾所携带的卵。古代文人对于吃到虾子这件事抱有一定的歉意，因此，皖北地区不把虾子叫作虾子，而称为"礼云子"[①]。虾一般会在气压比较低、乌云密布的时候进行交配产卵，古代文人把这种现象看作是向云朵的致敬，向天地的致敬，所以他们把虾子叫作"礼云子"。从这个小小的文化中可以看到皖北人的幽默感，以及在礼教秩序之下自圆其说的能力。

"徽"则是指皖南地区。皖南地区自然景观丰富，不单有我们所熟悉的黄山，还有佛教四大名山之一的九华山，相传九华山是地藏王菩萨的修行道场。从历史上看，皖南对中国饮食文化最大的贡献就是豆腐。现在普遍的历史考证都指向豆腐起源于淮南王手下的炼丹术，他在炼制豆浆中滴入了卤水凝固成豆腐。淮南豆腐的品种及制作方法是最多的，豆腐发酵后会形成另外一道美食——毛豆腐。皖南还有另外一道利用发酵来完成且非常有名的美食——臭鳜鱼。臭鳜鱼是把淡水中最鲜美的鳜鱼，用暴腌的方法使其发酵，发酵的目的不是让鱼变臭，而是将鱼肉变成一片片的蒜瓣肉，这样做

---

① 苏北一带把螃蜞子称为"礼云子"，但是安徽、江西、浙江一带把抱子的虾称为"礼云子"。

出来的鱼肉不但口感筋道，而且鱼肉的清香能常留在口中。

想到皖南的山，想到皖南的瀑布，想到皖南的奇松怪石，再想到皖南的美食，我总是不由得感慨，这是一个多好的生物乐园啊。在这个生物乐园当中，皖南的老百姓就是最早的生物学家，他们了解自己的山水，了解山水之中的灵性，也了解如何将这种灵性变成自己生活的一部分。看得见的山水，可被他们收入地方美景；看不见的微生物，也可以被他们引入菜肴。

安徽出过那么多才子，徽商在远离自己故乡去创业的途中，对周围环境的了解、把控，以及利用这些环境让自己取得成功的能力，都与他们在制作这些菜肴、品尝这些菜肴的过程中所得到的灵感、所受到的教育有直接关系。正是这种紧密的关系让他们有更具洞见的视角去看透一些事物的表面，并且将事物的本质提升到经验这个层面上来，让它成为自己智慧的一部分。同时，他们又将这种经验触类旁通地用于自己生活的其他方面，比如营商、学识、艺术灵感的培养以及对世界艺术宝库的贡献。从这个角度来理解皖南，特别是那些世界级非物质文化遗产带给我们的感悟，会远远超过皖南的美食带给我们的感悟。我们必须感谢这片神奇的土地，感谢这片山水，也感谢与山水共同成长的皖南人民。

为什么广东人什么都吃

　　小时候，我们都听过"神农尝百草"的故事，也知道在非常困难的时期，曾经有人吃草根、吃树皮，甚至吃观音土 ①。

　　从目前的史料记载来看，人类能够准时食用三餐的时间不会超过 200 年。甚至在 50 年前，中国许多偏远贫困地区的老百姓，一天只能吃上两餐，甚至一餐。并且，这两餐还要"合理"配置，有一餐是干的，另一餐只能是稀的。许多地方还会讲究"淡食"，因为过去盐十分稀缺，只有农忙时才能够吃上，农闲时连盐都舍不得吃。我提到这些，其实是想告诉各位读者，虽然我们今天的食物来源极其丰富，但并不意味着从来如此。

———————

① 观音土就是熟土下面一层的生土，也就是我们常说的高岭土。这种土质地黏，味道微咸，吃了它会有饱腹感，但没有任何热量，也没有任何营养。

在中国的饮食文化中有一个问题令许多人疑惑：为什么广东人什么东西都吃？

其实，这个问题涉及人与自然的交流之道。广东省原属百越地区①，进入中原版图是秦朝以后的事。当时，秦王朝先后派屠睢、任嚣、赵佗率兵收复南越，广东才正式成为中原版图的一部分。而在此之前，广东的文明进程和食物供应都十分匮乏，当时的广东人要觅食是一件相当困难的事情。从现代医学的角度讲，我们今天形成的消化系统，包括胆汁分泌、胰腺分泌，事实上是为人类大约一周觅食一两次而准备的。那么问题就在于，为什么今天我们会走到能量摄取过度这一步呢？答案就是我们的消化系统进化还不足以适应今天的物质，尤其是食物供应如此丰富的变化。

可以想象，在这种物质极度匮乏的情况下，人类生命中的绝大部分时间和精力都是用来觅食的，但觅食方式却没有现代社会的常识指导，哪些食物有营养，哪些食物有毒，全凭经验。因此，一个部落或家族的兴旺，完全取决于部落或者家族的长老可以带领大家寻找到多少食物。

广东地区山多，水多，平地少，珠江三角洲平原的形成也是近代的事情。在大自然中寻找适合的食物，在果腹之外还能够延续生

① "百越"的称谓源于先秦古籍对南方沿海一带古越部族的泛称。先秦古籍对南方的众多部族常统称为"越"，实际上这些"越"并不是单一民族，而是南方众多部族的统称。——编者注

命，繁衍后代，便成为当地人的自然选择。久而久之，广东人就形成了食谱宽广、可觅食种类多样的饮食习惯。在烹饪方法上，广东人结合了早期中原移民和中后期客家人所带来的烹调方法，逐渐形成了独特的饮食习惯。

广西南宁一带的饮食习惯与广州非常接近。从广东的粤东到北部湾的广西西部，海岸线约 5 000 多公里，拥有极其丰富的水陆物产，这也造就了南宁和广州饮食的相似性。这两地对食物的烹饪方法基本一样，甚至使用的调味料都是相同的。比如，在广东、广西都在使用同一种调味料——罗勒（又称九层塔或者金不换，后文还会有介绍），在其他地区则很少使用。

而广西桂北地区的饮食习惯与广西南宁、柳州一带差异巨大，当地有一道典型的美食叫作马肉米粉。桂林位于茶马古道通向中原地区的最东端的延伸处，它既是马帮的终点也是起点。许多产自湖南的黑茶都会在桂林装车上马，运往牧区，换取马匹及其他货物。这一路上自然会有许多马遭遇意外、受伤或生病等，这时候，马夫便会就地清理马群。强壮的、健康的马匹被交易或留用，老弱病残的马匹只能被吃掉。正是基于这样的地理特性，当地才出现了马肉米粉这道特殊的小吃。

同样的例子还有条件非常艰苦的青藏高原。我们都知道青藏高原的平均海拔在 4 000 米以上，在这个海拔高度，且没有高压锅的情况下，要想把水烧开，80℃左右就够了。而且，除了林芝地区，青藏高原的绝大部分地区植被都不太丰富，可供人们作为燃料的木材也十分有限。因此，藏族人民在加工食物的时候，更多采用的是非加热的方法。比如，藏民会把肉条放在冰天雪地的室外冰冻，然后再解冻，这个过程可以使蛋白质变性，肉类也变得易于消化。再比如，加工青稞的时候，他们会把青稞磨碎，和着奶渣、酥油一起做成糌粑吃。

不难发现，无论是广东、广西还是西藏，一个地区饮食习惯的形成，都与当地的气候、物产、地理环境，以及当地人在与自然互动的过程中慢慢形成的生活方式有着直接关系。

地道的海南鸡饭

　　海南是一个非常有特点的热带岛屿，它的纬度比台湾更靠南，因此岛屿上的热带物产十分丰富，比如椰子、咖啡、胡椒和波罗蜜（也称树波罗）等。由于当地的气候条件特殊，如今的海南岛也是我国最主要的反季节蔬菜生产基地。

　　海南有一道非常著名的美食叫海南鸡饭，许多人都误以为海南鸡饭是新加坡的特产，在此我要郑重更正一下，海南鸡饭是海南特有的美食。海南有一种本地鸡叫文昌鸡，这种鸡在当地是散养的，不喂饲料，而是让它们自己去树林中寻找食物，因此生长得比较慢，但肉质上乘。劳作之后，海南人往往喜欢用一餐美味的海南鸡饭来犒劳自己。

　　海南鸡饭的做法非常简单，就是把文昌鸡先做成白斩鸡，然后拿鸡汤做米饭，这样，米饭中就浸满了鸡肉的香味，再配上一碟青菜，一碟腌萝卜，就成了一份地道的海南鸡饭。在海南岛，海南鸡饭相当于北京的炸酱面。随着海南人下南洋的浪潮，它也被带出海南，走向世界各地。海南鸡饭非常符合我们今天对美食亦菜亦饭的要求，既给我们带来了美味，也补充了体能上所需的蛋白质、碳水化合物和脂肪等，不仅可以缓解疲劳，还非常适合快节奏的现代生活。

说到海南，很多人会联想到万泉河。湍急的万泉河养育了许许多多的水生物种，其中有一种很特殊的鱼，它们的腹部长着吸盘，平时就用吸盘吸附在水下的石头上，有时为了觅食，甚至可以借助吸盘的帮助爬到岸边的树上，因此当地人称其为树鱼（学名攀鲈）。

烤树鱼是一道只有在海南岛才能够吃到的美味佳肴。它的制作方法也非常简单，捉到树鱼后清洗干净，穿在竹签上烤熟，撒上盐巴。这道菜的美味之处在于树鱼的脂肪混合了鱼肉中的蛋白质后所碰撞出的浓郁香气。吃的时候，可能有的粗盐粒还未熔化掉，就着盐粒嚼下去，你便能品尝出这道美食的新鲜、简单和自然。

海南鸡饭和烤树鱼是海南最有代表性的两款美食，海南人的淳朴也正表现在他们对食材的加工之上——尊重自然，用最简单的方法烹饪出动人的美味。至于海南的其他饮食，大部分跟广东湛江、潮汕地区差不多。

海南的原住民很喜欢咀嚼槟榔。吃槟榔有好几种方法，生槟榔可以直接嚼，也可以和着生石灰嚼，而熟槟榔在内地省市中数湖南的消费量最大，湖南人很愿意咀嚼槟榔。海南的槟榔跟台湾地区的很不一样，它是一种比台湾地区的槟榔更加肥美壮实的槟榔，因此海南人吃槟榔的方法跟台湾人、湖南人都不一样，他们要把鲜槟榔咬出粉红色的汁，然后让汁液在口腔当中停留一段时间再吐出去。

槟榔既是药材，也是香料。早期槟榔是用来加工菜肴的，尤其是鱼和鸡。另外，它还是一种致幻剂。当槟榔嚼到一定数量、一定时间后，人就会产生一种愉悦的快感，就好像人能够腾飞起来一样。槟榔给海南的生活平添了一道亮丽的风景线，在路上随处可见一边嚼着槟榔，一边走路或干活的人。他们满口黑黑的牙齿，不时吐出一口槟榔汁，这时千万别以为他们的牙龈出血了。

海南是一个热带大花园，也是热带水果的集中产地，其中有一种非常有名的水果——波罗蜜。波罗蜜可能是已知水果中个头最大的了。自然生长环境中的波罗蜜，最大的可以长到 100 斤以上。这种水果非常甜美，没有什么酸味，也没有任何不愉快的味道。波罗蜜浑身是宝，除了果肉能当水果吃，它的核也能制成一道非常美味的菜肴。波罗蜜的核煮熟后，去除果核的软膜，取出果仁，用来炒五花肉，味道比荔枝还香。另外，波罗蜜的果肉还可以拿来酿酒。这款酒风味独到但非常稀有，因为目前波罗蜜的产量还不足以支撑这种酒的工业化生产，只在当地的农家村寨中存有少量这种波罗蜜酒。

海南的特色物产都是自然的馈赠。海南人从不在自然面前过度表现自己的技巧与能力，而是一路追寻着大自然所给予的这份恩典，将它化成自己与自然之间的一座桥梁。

北漂一族：北京烤鸭

　　每当谈论北京味道、广州味道、成都味道的时候，我们不仅仅是在讲某种食物或者某道美食带来的兴奋体验，还是通过"寻味"去探秘这个地方背后的城市风貌、风情和风格，试图从味觉体验的角度去感受一个城市所拥有的特点。

　　首都北京的地理位置有些特殊，它正好处于我国农耕社会与游牧社会的交界地带，因此，它同时受这两种社会形态以及文明程度的影响。在这样一个长城内外的交界处，农耕文化与游牧文化进行了充分的交融，这个过程也为这块土地赋予了非常多的特点。北京烤鸭和涮羊肉，正是这种文化交融在饮食上的典型代表。

　　明朝时，明成祖朱棣将都城从南京迁往北京后，烤鸭也随之进入北京。它代表着江南和农耕文明，因为鸭是养殖的家禽。这道菜的制作方式十分考究、烦琐，其背后代表的是一种对权威的尊重和对食材的讲究。如果我们把用在北京烤鸭上的功夫迁移到田野中，那便是精耕细作。精耕细作会带来丰收，而在食材上的精细和考究则会带来意想不到的美味。况且当时的人们还要通过这道菜向自己尊敬的人或某个权威，比如皇帝、大臣，来表达忠诚和谦卑的态度。所以我们在品尝北京烤鸭的时候，可以感受到那种被尊重、被细心呵护后，以及在精细操作中所流露出的美味。

北京有很多文化都拥有这方面的特点。比如北京的景泰蓝，这种铜质的器物背后也具有这种精细、考究、表达尊重的元素。还有京剧，京剧并非起源于北京，是从安徽传入的，但在传入北京后，从扮相、道具、戏服到唱腔都表现出了一种精致大气的特点。

和烤鸭的精致不同，老北京的涮羊肉是一种来自游牧民族的美食，它简单、本真，而且非常容易制作，是一种简单的快乐，却也是一种直击心底、深入骨髓的审美。制作涮羊肉需要对食材非常了解：如何获取羊肉，用什么刀工可以使羊肉在涮制过程中最大限度地释放美味，如何通过简单的蘸料吃出不一般的味道。我们讲北京烤鸭和涮羊肉，其实都是一种复合、碰撞、交换所带来的美味，是融合的美味。涮羊肉所需要的准备时间不长，吃涮羊肉所需的器皿餐具也不多，烹饪简单，不需要特别下功夫。它表现出了游牧民族的豁达、豪放以及与自然的密切关系。和农耕文明那种精耕细作、与天斗与地斗的态度不同，这是一种尊敬上苍、尊重大地的态度，这种态度在涮羊肉这道美食中被表现得淋漓尽致。因此，涮羊肉的食用氛围与吃北京烤鸭的氛围也很不一样，大家都吃得热火朝天，大汗淋漓，这是一种酣畅的审美，是一种快乐到骨髓中的审美。

吃北京烤鸭是一种刻骨铭心的审美，吃涮羊肉则是一种荡气回肠的审美。它们共同构成的北京文化，我们在其他方面也可以看到。比如天桥的把戏（那种摔跤）、北京的相声所流露出来的文化气韵，接天接地，直指人心。

一般来说，除了家常便饭，美食或跟权力有关，或跟商业有关，或跟文化有关。通过对一个地方特色美食的"品赏"，我们也能读懂它背后的一些文化信息、文明信息，从而解读历史的密码。

从饮食文明的角度来看，食物其实是随着人口的迁徙而迁徙的，南来北往，在迁徙中人类把食材和食物带向了我们要去的地方。同时，人也因为食物的流动而有了相遇、相逢、相聚的体会。北京就是这样一个南来北往、相聚相会的地方。食材成就了北京的历史，也成就了北京独特、多面的城市文化。

在城市文化的不断演化中，食物也发生了分化。在北京很容易找到不同的烤鸭店，现在流行的有大董烤鸭、馥天下烤鸭等，这些都是新一代的烤鸭。大董烤鸭不但在吃法上做了改进，还用了类似于火烧的小烧饼，并且在夹烤鸭片的时候加进了鱼子酱。这是向现代饮食演进中走得最远的一款北京现代烤鸭。此外，北京还有传统的坚守住南方本色的烤鸭，比如崇文门的便宜坊烤鸭，它制作烤鸭的过程，以及提供吃烤鸭的配料、面皮等，基本都保留着南京的风味。简单来说，就是便宜坊的烤鸭口味没有全聚德的重。在这里我们是以全聚德作为传统烤鸭的标杆，来看烤鸭不断发展与不断创新的。

涮羊肉也一样，发展到今天，有人用火锅底料来涮羊肉，还有人用海鲜底料来涮羊肉，而且还慢慢地发展出用汤锅的形式来涮羊肚。在制作烦琐程度上，爆肚是介于涮羊肉与北京烤鸭之间的一道菜。为什么呢？因为羊是一种反刍动物，它有四个胃，当不同的胃的不同部分被分割以后，它们就分别被命名为羊肚领、羊肚仁、羊蘑菇头等十一二种。用不同的方法在火锅中涮这些羊肚，再就着一种特殊的调料来吃，就变成了一道很地道的北京美食。从中我们可以看到，这些历史演变的轨迹，使得不同地方的美食互相借鉴对方的优秀、经典之处来发展自己，而北京的风情、北京的风味也就慢慢地在这个过程中得以提升、得以演变。

北京的大气，北京的包容，以及在大气与包容之下，依然能够保有自己的特色，这就是北京最著名的一张名片。

章 三

驯·化

食道寻踪

一种食材，多样态度

滋味人生

生物的产生与进化要随着环境的变化而变化。比如我们
今天在《巴黎协定》的框架内控制地球表面温度的升高，原
因是地球表面温度的升高会造成冰川和极地冰块的融解，导
致海平面上升，从而使海洋生物中的生物电发生变化，进而
影响到全球的生物电。事实上，自工业化进程以来，我们地
球的平均气温只上升了1℃，但这个变化是巨大的。当然所
有的变化并非都会产生不好的结果。我们都知道，现在在西
伯利亚的永久冻土层中发现了完整的猛犸象遗骸，可见西伯
利亚地区在我们古人类史之前实际上温暖潮湿，到处都是沼
泽草地，这种环境为猛犸象一类的大型草食动物提供了丰富
的食物源。冰河期以后，那里才变成了永久的冻土层。因此
地球的环境变化是永恒的。在我们面临气候变暖的挑战的同
时，我们也应该知道地球依然会面临冰河期，而且地球变暖
本身的背后依然有可以利用的要素。比如，中国西北地区平
均气温的上升、雨量的增加，让西北地区的农业生产取得了
最近200多年来最佳的环境因素。再比如，考虑到整个地球
的环境，有利的气候变化也有益于我们在"一带一路"的建
设、发展和流通中抓住气候这一契机。

气候、水土等都会让我们的物种发生变化，当然这些物
种也包括我们的很多食材。这些食材在环境变化的过程中，

自身也发生了一些变化，这些变化让我们在寻觅食材的过程中产生了新的途径和新的思考。比如南方的水果现在已经可以种植到四川的攀枝花。攀枝花现在杧果的产量已经在全国杧果产量中占据了一个重要位置。我们也可以发现，很多过往只能在温暖地区生长的物种来到了温带、亚寒带等一些它们之前不曾踏足的地域。在这些新的地域中，除了有气温、湿度的影响，还有土壤的酸碱度、地表水的高低、土壤中的微量元素，以及空气中的微风、散射的阳光等因素的作用，这些物种在新的气候环境中悄然发生着变化。这都是我们在了解世界、寻觅新食材、加工新食材的过程中找到的新契机，也让我们的餐桌有了更加丰富的食材来源，让我们加工食材的各种器皿、方法、刀法有了新的发展与变化。这些既丰富了我们的食物种类，也丰富了我们对外部世界的认知，让我们了解到世界的美好。

大千世界、生态环境代表着我们所知道的环境，因为它的微小变化，最终使"生于斯、长于斯"的物种发生了更大的变化。这些变化又为我们的餐桌、为我们的厨房带来了更加丰富的审美享受。

变迁和变化实际上是自然和人生万古不变的一条准则。

猪头肉为什么那么好吃

在东方，猪的宰杀象征着丰收、喜悦和团聚；在西方，杀猪没有那么多民俗要素，更多考虑的是市场和季节的需求。因此，东西方对于猪的利用，从宰杀开始就已经走上了岔路。

东方看重一头猪的所有部位，甚至猪头。许多野史或古代小说中描述的侠义风雅之士，都非常喜欢吃猪头。面部的肌肉有两种，一种就是我们人类有的表情肌，另一种就是用来咀嚼的咀嚼肌。猪面部没有表情肌，大部分都是咀嚼肌，这可能跟在猪的一生中，头部是它活动最频繁的一个部位有关。在猪的一天中，进食、咀嚼的时间起码占了2/3，在长期的进食中，猪的这部分肌肉得到了充分的锻炼和伸展，所以肉质及纤维都是最好的。此外，猪面部的皮油脂最多，皮

下脂肪适度，皮下脂肪油与皮肤之间的结缔组织也是最丰富的，所以猪头是很好的一道食材。

东北人过年的传统习俗之一是都要吃一次杀猪菜。在一个村子里，大家轮流吃，今天是老张家杀猪，全村人都到老张家吃；过两天，老赵家又杀猪了，大家又到老赵家去吃。但猪头可不是随随便便任何人都可以吃的，猪头是祭祀的一个主要供品，而且祭祀用猪头来供奉是非常有讲究的，猪头的朝向，猪耳的摆放，各个地区有很多很多讲究。有些地区猪的面部没有皱纹，是平滑的，比如有的猪嘴比较长，皮比较光滑，这种猪头是不能够上供桌的，上供桌的要"寿猪头"，就是面部皱纹非常深重，嘴比较短的猪头。祭祀用过的猪头，就会被做成一道美味菜肴，专门请德高望重的长者或者族群中的族长享用。

猪头的做法在北方主要还是用大锅白煮炖烂，改刀以后装盘。在南方做法就很多了，如烤猪头、卤猪头。还有更特别的，在每年冬季，如果有猪头时，南方人会把它做成酱猪头、腌猪头。在浙江、福建的一些地区会把它做成糟卤猪头，即用糟卤来卤。在做酱猪头、腌猪头和糟卤猪头时，有一个步骤是要去掉猪头中一部分的猪骨，再把猪头摊成一个平板状，压成类似于我们做板鸭的形式，最后再酱、再腌或再卤。这款相当气派的食物就会变成走亲访友，或者女婿孝敬丈母娘的一个非常重要的礼物。

但是在西方，只有一小部分地区会做猪头。目前所知，只有奥地利北部的人是吃猪头的，并且他们做猪头的方法也非常简单。绝大多数地区的猪头都做成了肉粉，然后将这些肉粉变成饲料添加剂。所以在对待猪头这件事上，东西方有着显著的差异。

我们往往认为猪的小里脊（腰间连接大腿的那两条肌肉）是最嫩、最好吃的部位，其实猪肉最香的部位不是里脊，而是肩胛肉。这块肉是在猪的瘦肉里边间杂着一些脂肪粒，脂肪粒有多有少，但是不影响猪肩胛肉的美味。很多人可能会混淆，认为猪肩胛肉跟猪脖子后部连在一起，肉也应该是同一块，其实这是错误的。猪的肩胛肉是在肩胛骨下方，猪的前腿活动的时候，这两块肌肉起了最主要的作用，运动量、锻炼量也是最大的，所以这部分肉的品质也是最高的。

中国北方和南方对这两块肩胛肉的认知也完全不同。北方地区往往把这两块肉拿来像普通肉一样炒或者爆。在南方，它就会很珍贵，南方人常把它用炭炉来煎烤或者用来做火锅的涮料；更考究一点的，把它腌制起来，做成最美味的腌制品，当成礼物送给亲朋好友。

猪的其他各个部位的利用，东西方也有着明显的差别。西方人主要还是使用猪肉中的大里脊，也就是我们常说的猪排肉，以及比较容易加工的猪的小腿部分和大腿部分，即我们所讲的猪腱子肉和蹄髈肉。其他一些肉，他们大部分用来制作灌肠——这种灌肠跟我们中国的猪肉香肠不一样，它加了淀粉，或者做成小朋友很喜欢吃的那种午餐肉肠，还有就是直接做成了午餐肉。这样的处理和使用，就没有办法区别猪肉各个部位的肉质，也不能体会烹调方法的不同带给人的不同感受，而只有营养、脂肪、蛋白质、热量等含量的不同。

为什么蒙古骑兵一人要带两匹马

　　牛是我们十分熟悉的动物伙伴，也是较早进入人类社会的一种驯养动物。

　　在游牧民族中，牛是奶类和肉类的主要来源。在农耕社会当中，牛是主要的畜力，耕地、拉车都用牛，在个别地方甚至用牛来抽水、拉磨。所以，在机械出现以前，牛是农耕社会最主要的畜力来源和动力来源。因此，对待牛的态度，农耕社会跟游牧民族是截然不同的。

　　农耕社会把牛看作主要的生产工具，如果没有牛，就要靠人力去犁地、拉车，这是非常费力、效率很低的事情。所以历朝历代都颁布了严格的保护牛的法令，偷牛、吃牛在有些极端情况下是要被处以极刑的。因此，我们看到中国古代的很多武侠小说中，只有英雄好汉才有资格吃牛肉。这背后表现出了他们对权威的藐视、对体制的反叛，以及对力量的向往。

但是对于游牧民族来说，牛是可以跟着草场的变化进行游牧的一种动物，譬如，从春季草场迁往秋季草场、从冬季草场迁往夏季草场。同时牛也是游牧民族主要的食物——奶类的重要来源。他们对牛的态度和农耕社会很不一样。

蒙古人最早发明了牛肉干、肉松等食物。蒙古骑兵每个人都有两匹马，另外一匹马背着一袋牛肉干或者肉松，这样他们可以奔袭很长的距离去包抄敌人。包抄战术的熟练应用是蒙古骑兵所向披靡的一个重要原因。

在中国，尤其是在农耕社会当中，牛只有在老弱病残以后才会被宰杀吃掉，所以，吃牛肉是一件非常稀罕的事情。对牛的各个部位的充分利用，以及用各种精妙的手段把它烹调出美味来，是东方社会对待牛的一个主要态度。

游牧社会和西方社会对牛的态度就不是这样了。他们大概只会选取牛的主要部位来食用，大部分的牛肉都被制成了可以长期保存的肉干或者肉条。在西方社会，在牛的各个部位中，他们食用最多的是牛排、牛里脊。还有一个大家不太注意的部位——牛舌，他们会把牛舌做成各种美味，譬如卤牛舌，或者把牛舌做成各种各样的煎、烤、炸的菜品。

在西方国家，法国是游牧与农耕文明混杂得最充分的一个国家。我们在去法国游玩的时候，可以在很多顶尖的餐厅，比如米其林餐厅，吃到烤牛腰或者煎牛肝。这些东西在西班牙或者德国几乎碰不到。

在西方国家中，牛肉还被做成另外两种我们经常能够碰到的食物。一是牛肉饼。自从麦当劳进入中国以后，我们就可以吃到这种夹着牛肉饼的汉堡包。二是卤牛肉。它在西方的很多早餐餐桌上都会出现。卤牛肉配上一个煎蛋，就是他们早餐的主要食品了。

奥地利有一道著名美食——牛尾汤。这道汤加入了一些欧芹、番茄，是一味非常美味的汤。俄罗斯也有一道做得非常经典的牛肉食物——罐焖牛肉。可以发现，西方在牛肉的制作、烹调方式上不太丰富，也没有太多的想象力，当然这跟他们的饲养方式也有关系。

在早期，西方世界主要还是用牛放牧，圈养以后牛的活动量减少，精饲料增加，就出现了一些问题。一开始，西方养牛会给饲料里面增加一些鱼粉，后期则直接把一些牛肉的边角废料磨成肉粉或者骨粉加入饲料，这是今天肉牛、奶牛的西方养殖大国出现疯牛病的主要原因。疯牛病的传播主要是牛吃了同类的内脏、骨或肉所导致的。

这也告诉我们，违反自然规律，注定会被自然惩罚。

羊肉的傲慢与偏见

"鲜美"的"鲜"字是由一个"鱼"字和一个"羊"字构成的。羊肉是一种非常鲜美、温补的食材。可是，中国南北方对羊肉却有着迥然不同的态度。

我们的汉语字典中特地引进了一个"膻"字，指的就是羊肉所特有的味道，但北方人从来不认为羊肉是膻的。所以他们在处理羊肉以及制作羊肉的时候，从来不会想到要加什么辅料去除这个膻味。像在羊肉比较盛行的甘肃、宁夏、内蒙古和河北，人们认为最好的吃羊肉方法，就是用一锅清水把羊肉煮熟了，蘸着盐吃就可以了，那是最能体现羊肉鲜美的方式。

可是，过了长江，到了也产羊的浙江或者广东地区，人们的处理方法就不太一样了。浙江出产很著名的湖羊，广东也有很著名的东山羊，这两个地方吃羊肉的过程非常复杂，因为整个吃羊肉的过程都在围绕着如何去除羊肉的膻味。比如把羊肉用清水浸泡，然后在烹制羊肉的时候加入各种各样的作料，且不说要加葱、姜、蒜，还要加各种各样去除膻味的酒，极端一点的还要加一点萝卜，甚至有人还要加一些甘草之类的中药。北方人吃到南方人这么制作的羊肉，一般都会皱眉头，说这不是羊肉，不好吃。当然，让南方人去吃北方用清水煮出来的羊肉，他们也接受不了。

我们可以在羊肉不同吃法的背后看到，人的口味形成实际上也是被暗示的。我们不能够说"膻"是一个客观存在的东西，我们既拿不出它的化学式，也拿不出具体的标本，可是在有些人的观念当中，它就是造成羊肉不好吃的源头。但有些人就不这么认为，他们根本就没觉得有"膻"的存在。为什么不同的地理环境、不同的物产会造成这样的差别？

在食谱的坐标当中，南方有非常多比羊肉更好吃，以及更容易被人接受的食物和菜肴，可是在北方，能够有一盆水煮羊肉或者一只烤羊，已经是一餐非常丰盛、能够烘托情感的饮食了。所以，我们营造的饮食范围，以及美食在当地整个食谱坐标中的位置，让人们把相同的食物都摆进了完全不同的坐标。有一次，我遇到一个从青海贩羊到杭州的羊贩子，我请教他："为什么西北羊没有膻味，南方的羊却有膻味？"他当时说："你错了，南方的羊也没有膻味，关键是你怎么去品尝羊肉。"他的话说得很玄，但我觉得他的回答还是给我们指出了一个在不同饮食环境当中，怎么去辨别美味因素或者干扰美味因素的办法。

除了羊，我们再说说蟹。每年6月蟹黄出现的季节，就是在提示我们江南已经进入可以吃大闸蟹的季节了。当然大闸蟹最肥美的时候应该在秋风起之后。

中国沿海地区哪个地方的大闸蟹产量最高？很多人都以为是南方，其实不是，中国大闸蟹产量最高的地方是辽宁盘锦，盘锦大闸蟹的产量几乎占了全国大闸蟹产量的一半。可是当地人吃蟹的方式却跟南方人很不一样。盘锦最有名的美食是蟹粥，即用螃蟹来熬粥。这个蟹粥非常鲜美，能让人想起很多江南小孩刚开始学吃大闸蟹的时候，因为没有办法把蟹肉吃出来，只能连壳带肉一起咀嚼来品尝鲜美味道的场景。而盘锦的蟹粥就是用粥代替了嘴，把螃蟹中的鲜美味道都吸收到粥水中，然后让大家去品尝、体会这种蟹粥的美味。

随着夏季的过去、秋天的到来，大闸蟹的上市地域也就一路由北向南，在我们最好的金秋时节，逐渐地移到了盛产大闸蟹的太湖和阳澄湖一带。在此之前，它经过了洪泽湖，经过了巢湖和固城湖（因为蟹是随着气温的下降逐渐成熟的）。大闸蟹在金秋时节爬上南方人餐桌的时候，南方人可不会仅仅把它用来熬成粥，而是要用各种方法来品尝蟹肉带给他们的极致体验。南方人怎么吃蟹呢？如果是不会吃蟹的人，他们可以用"蟹八件"；会吃蟹的人就麻烦了一点，他们要强调蟹的大小、总量，是蒸还是煮，用什么调料，如何制作调料，等等，这些都有一系列讲究。从吃蟹的过程中，我们可以看到南北方的巨大差异。

再比如，南方人还很喜欢吃一种很鲜美的鱼——鲫鱼，葱焖鲫鱼就是南方的一道名菜。北方人就不怎么碰它，因为他们担心自己没有本事把鲫鱼中的小刺都给挑出来，所以宁愿不去品尝这道美味，也不去碰这类鱼。

北方人在吃这些美味的时候，他们首先想到的是怎样跟自己的主食搭配。比如蟹粥可以配蒸馒头，熬得浓浓的鱼汤可以用来配贴饼子，等等。再比如，开封的鲤鱼焙面中鱼的汤汁，主要是为了吃面。南方就不一样了，南方人一定会将鱼、蟹最鲜美的部分充分调动起来，来完全匹配自己的审美感觉，通过鱼、蟹、虾去感受江南水乡的存在，以及江南水乡带给人们的复苏和饱满的情感。

这里还有一个故事。有一次，我在瑞典的斯德哥尔摩旅行，有一位瑞典的朋友陪我们去用餐。其实瑞典的工业和工艺水平是非常高的，他们制造的复杂器具，德国人都未必能制造得出来。比如，瑞典人最早发明了不依赖空气的潜艇推进系统，这个工艺非常复杂，日本人当时想要引进，结果他们发现有 20% 的工艺自己是不能完成的，从中可见瑞典人的精致程度。回到故事中，用餐时，我看他们很熟练地使用刀叉，我就打趣了一下。那位瑞典朋友跟我说，他们吃饭用的是自己手上的功夫，而我们中国人吃饭用的是嘴上的功夫。他说在中国旅行的时候，最害怕的就是吃鱼、吃螃蟹。他甚至讲，在杭州看着中国人吃螺蛳，他根本想象不到那个螺蛳是可以被吸出来的。所以这种饮食差别和使用饮食工具精致程度的差别，其实也能够在生活层面上显示出来。

毋庸置疑，在中国，江浙一带的工艺水平是最高的。通过浙江的东阳木雕、黄杨木雕等传统工艺，我们就很容易发现这一点。江浙一带精致的饮食工具和精致的饮食背后，反映的是他们对生活的讲究。

浑身是宝的德州驴

随着农业机械化的进步，大量的畜力被解放出来，譬如耕牛，我们就要努力地把它变成肉牛。在中国北方的很多地方，驴肉现在也已变成一个非常热门，而且非常时尚的动物蛋白质的获取来源。

其实在东方的饮食文化当中，驴肉并不少见。我们都知道一句话，叫作"天上龙肉，地上驴肉"，可见驴肉在中国人的饮食概念中是一种多么美味的肉类。

驴在中国有着非常悠久的历史，中国也有几个非常著名的驴品种，山东德州驴就是其中之一。德州驴的主要特征是"三粉"：嘴、眼圈、腹部是白色的，德州人把这叫作"粉"。这种驴个头很大，成年的驴有 600~700 斤，大的话可以有 1 000 斤。当机械化进程不断加速、机械的使用范围不断扩大以后，很多驴就被圈养起来。

北方人吃驴肉的习惯有很多，比较著名的是驴肉火烧。随着市场需求的扩大，现在在华北地区（包括山东、河北、河南、山西一带），驴肉的吃法越来越多，除了有酱驴肉、烤驴排，还有驴肉火锅等。

酱驴肉的源头是酱牛肉。过去，驴被宰杀往往是在老弱病残之后，因此驴肉相对来说比较干、柴、瘦，用酱卤的办法反复炖煮，既能够煮出驴肉的香味，也能够用酱香掩盖驴肉的一些臊味，所以比较多见。

但现在，我们接触到的大部分驴肉都来自肉驴、菜驴，也就是为了吃肉而养殖的驴。这类驴肉质非常细嫩，而且脂肪含量比较高，所以，人们就根据这种驴肉的特点，发展出了驴肉火锅。此外还有白切驴肉，像做白斩鸡、手把肉一样，把大块的驴肉在白水当中炖煮熟，然后改刀成片，蘸着作料来吃。

驴肉不但在北方销量直线上升，也开始销往南方各地。南方人吃驴肉的方法自然带有南方人的态度。南方地区有少量的养殖的肉驴，但这些驴大部分都是皖西驴，即安徽西部的驴。这种驴个头偏小，出肉率不是很高。还有一部分是从北方运来的冰鲜驴肉。所以，在上海、厦门甚至广州，我们都可以品尝到一些用南方的烹饪方法制作的驴肉，譬如，宫保驴肉丁、鱼香驴丝这类菜肴，我们偶尔也可以碰到。

我们可以发现，南北方对驴肉处理有很大的不同：北方吃驴肉是大块的，而且是朵颐的，要吃得过瘾；南方则更注重味道，更多的是把驴肉的鲜美跟其他食材的味道结合到一起，制造出含有驴肉味道的复合味道。

驴肉也是非常重要的药用动物源。我们都知道阿胶是用驴皮熬制成的。用驴皮制作的阿胶能够补血补气，调节新陈代谢，是非常名贵的一味中药。驴皮的厚薄是阿胶好坏的重要保证，德州驴的驴皮比皖西驴皮厚得多，所以，做阿胶基本上用的都是德州驴。

除了驴皮，驴身上另外一个为很多人津津乐道的东西叫作驴钱肉，其实就是驴鞭。驴鞭是海绵体性状的，在制作完毕以后，一片片切下来就像铜钱一样。很多人认为驴鞭有药用价值，所以趋之若鹜。

驴在过去的战争年代还是一种十分重要的战略物资。在军队的行进当中，粮草是重要的辎重，驴是可以随着队伍走动的，并且为军队提供了重要的蛋白质补充来源。《汉书》中记载，班固出征匈奴时，驴就是一种随军的重要役力和队伍的蛋白质来源。

驴肉在中国的饮食当中占有非常重要的位置，而且也是一款非常美味的蛋白质。驴肉细腻，色泽粉，不是那么鲜红，脂肪主要都渗在肌肉之间，所以，也没有什么肥肉。鲜、嫩、香之外，驴肉最大的特点是滑，炖煮得好的驴肉，可以尝到它化入脑中的那种香浓的美味。

中国吃鸡地图

　　在对鸡的理解当中，人们都认为它是一种可以进补的食品，譬如大病痊愈或手术之后，受伤或年老体弱的人都会吃鸡来进补。进补的鸡做法多样，有的人会把鸡肉摆在一个坛子里面，隔着水蒸，喝鸡汤；也有的人会加入一些药材同炖，譬如黄芪、人参等。

　　在云南，还有人会在炖鸡时加入辣根。辣根不是一种简单的农作物，它是辣木的树枝。据说用辣根炖制的鸡肉对于虚弱身体的调养非常有效。云南人认为珍珠鸡最补身体，于是大量地养殖从非洲引进的珍珠鸡，目前当地人普遍都用辣根炖珍珠鸡。

　　江西泰和有一种很有名气的鸡，叫乌骨鸡。乌骨鸡可以入药，是妇科重要药物乌鸡白凤丸的主要原材料。民间盛传乌骨鸡，尤其是白凤乌骨鸡是一种最优质的进补鸡。

云南炖鸡有一种特有的烹调器皿，那就是汽锅，我们熟知的云南汽锅鸡就很有名。汽锅摆在蒸笼上的时候，蒸汽可以推动锅底一个向上的小管子，源源不断地将蒸汽输入汽锅。汽锅的盖子较为厚实，因此能够使蒸汽与食材发生充分的相互作用，进而将鸡肉中的蛋白质、脂肪以及有效的微量元素都融入鸡汤。

在长江三角洲一带，用得比较多的是三黄鸡。"三黄"就是黄嘴、黄爪、黄肉。三黄鸡也是在长江三角洲一带用来制作白斩鸡的一个主要鸡种。三黄鸡也可以用来做炖补或清热补的鸡汤。清热补的鸡汤是在炖煮鸡汤的时候加入藕片和荷叶，起到解腻、清凉、改善口感的作用。

人们一方面在追求鸡给人们滋补方面所发挥的作用，另一方面也不断地在寻找途径，改良鸡给人们味觉上带来的变化。

有一种鸡的饲养方法是把鸡养在竹林间，临宰杀前一周把它圈养起来，只喂食芝麻，这种鸡叫海量鸡，它在炖煮的时候能产生浓郁的芝麻香。在这方面，人们脑洞大开，类似的探索非常多，譬如有人给鸡喂食石斛，希望鸡肉也带有石斛的药效；有人极端地给鸡喂食虫草，希望这种鸡肉也拥有虫草的疗效。还有些地方最近几年新建了大量的蚯蚓养殖场，把蚯蚓的粪便作为一种优质的农家肥，当然也就产生了大量的蚯蚓。用蚯蚓喂食的鸡被贴上了鸡肉蛋白质含量高于一般的鸡的标签，这种鸡目前在网上或者在农贸市场中也能买到。

我们总是想通过食用鸡肉、喝鸡汤来达到补充体能、增加美食享受的目的，或者通过享用这种美食来达到一定治疗、滋补的作用。但也有些人在不断探索其他烹调鸡肉的办法，以达成鸡肉另外的巅峰体验。

大家都很熟悉一道四川菜——宫保鸡丁，这道菜也是当年美国把川菜引入华府（华盛顿）时指定要带去的一道菜。宫保鸡丁味辣，菜里带点花生米，鸡丁跟花生米、辣椒混在一起，能产生一种非常特殊的复合美味。

同样是鸡，在广东又有不一样的做法。比如，盐焗鸡就是用盐煨出来的鸡，即把鸡打理干净后埋进热盐堆，盐不但加热了鸡肉，改变了鸡肉蛋白的特性，味道也渗入鸡肉中。除了盐焗鸡，在烹饪方法上有特殊讲究的还有广东的酱油鸡，它是用一种调好味的酱油膏来焖煮的鸡。这种做法做出的鸡表皮呈暗红色，肉质为白色，带着一丝清香的甜味，广东人有的时候也把这种鸡叫作玫瑰鸡。

这些都是人们动了很多脑子、想了很多方法才做出的各种烹调上的创新，当然也给我们带来了丰富的口感和不同的体验。

还有一种独到的中国式美食，叫"霸王别姬"，说穿了，就是甲鱼炖鸡。甲鱼的种类也不同，北方大部分用的是黄河鳖。黄河鳖是一种三黄鳖——黄背、黄肚、黄肉，脂肪含量比较丰富；用的鸡也大部分是本土的油鸡或者芦花鸡。南方用的则是竹林柴鸡和塘甲鱼。这道菜中既有鸡的美味，又有甲鱼的细腻。两种蛋白质含量非常高的食材炖在一起，能够释放出更加醇厚的香味。

《红楼梦》中贾宝玉吃的『鸡髓笋』是什么

鸡在我们的日常饮食当中是一个重要的蛋白质来源，新鲜的鸡的吃法，前文已经做了大致介绍。除了这些日常的食用方法，在民间，还有一类比较少见，但是味道也非常好的鸡肉烹调方法，那就是糟卤鸡和虾油卤鸡。

做糟卤鸡通常要选鸡龄在二龄、三龄、四龄的大鸡，先做成大约八九成熟的白斩鸡，再在鸡汤中加入糟卤、绍兴黄酒和调料，把鸡改刀斩块后，泡入糟卤当中，最后做成的就是糟卤鸡（也称糟鸡）。

另外一种做法是使用虾油卤。它是鱼、虾、蟹腌制后因蛋白质变性而产生美味的一种调味品。浙江舟山把它称作鱼卤，福建和潮州一带把它称为虾油卤。这种蛋白质变性的鱼、虾、蟹等海鲜做调味料的方法也传到了东南亚，所以今天我们可以很方便地得到越南、泰国等地产的鱼卤或者虾油卤，做法都一样。

虾油卤鸡是用 1/3 的虾油卤、1/3 的鸡汤、1/3 的黄酒煮开备用，黄酒最好用加饭酒，然后把鸡斩件改刀以后泡入，大约 5 天以后就可以食用了。这样做出来的虾油卤鸡，鸡皮是脆的，鸡肉中的蛋白质都变成了一种蛋白胨。蛋白胨镶嵌在鸡肉当中，非常漂亮。

以上是两种不多见的鸡的卤制方法。在中国众多的饮食习惯当中，还有很多把鸡跟中药材放在一起来炖煮，以求滋补、强身或者去病的做法，譬如，鸡跟川明参一起炖煮。川明参是产于四川阆中的一种沙参，这种参有非常好的清热解毒功效，用它炖鸡，会把鸡炖得比较透，也就是说鸡肉会炖得很柴，不能食用，只为了喝它的汤。

另外一种就是用黄芪、党参、当归来炖煮出各种各样的鸡汤，这些鸡汤都可以用作各种各样的滋补餐。在这里，各地说法也都不一样，譬如，有人说给坐月子的妇女吃能够补身子；有人说给老年人或者小孩儿吃，能够提高免疫力。但是用这种做法做的鸡，大部分都有一个共同特点，就是只喝鸡汤，以达到药效。

这里有一个例外，叫天麻炖鸡。如果天麻是新鲜的，就要把鸡煮到七成熟，再把新鲜的天麻改刀放进去。天麻含有很丰富的淀粉和其他微量元素，这样做可以保有最大的药物功效。很多时候我们没有新鲜的天麻，那就只能去找一些天麻干。天麻干炖鸡正好相反，要先把发好的天麻炖煮到七成熟，再把切好的鸡块放进去一起炖煮。

两种天麻炖鸡的功效是不一样的。新鲜的天麻炖鸡主要能够补肝、润肺。如果用干天麻或者药用的天麻炖鸡，其主要作用是通经、活血、醒脑，促进神经递质的分泌。两种炖法，产生的效果是不一样的。

在封建社会，御厨要表现出对皇帝的尽忠尽责，所以相传开封的御厨成家，就发明了一道向皇帝表现忠诚的菜。最早的时候这道菜叫"三套件"，即把鸽子套进鸡腹中，再把鸡套进鸭腹中，然后一起炖煮，非常鲜美。改刀的时候是鸭中有鸡，鸡中有鸽子。

现在这道菜已经被发展成"套四宝"，即在鸽子的腹中再套入一只鹌鹑，改刀下去就变成四层。这道菜吃起来比较费时费力，鲜美程度不错，但药用或者功能应用的价值还是有待商榷的。

另外，《红楼梦》中有一道跟鸡的内脏有关的菜。贾宝玉在被贾政打了一顿以后，贾母命人送去一道菜慰问他，这道菜叫作鸡髓笋。鸡髓是取鸡的骨髓，调味以后，将其注入鲜笋的空腔，共同炖煮。这道菜也被很多《红楼梦》的读者认为是一道非常能代表小说原著特色的美味。

有些地方也在冬天腌酱鸡、腌咸鸡，跟酱肉、咸肉、酱鸭的腌制方法差不多。但在浙江杭嘉湖平原有一种腌制鸡的方法很特别，这种腌制方法被称为毛腌鸡，所用的鸡就是线鸡。线鸡是一种把公鸡在小的时候阉割以后养成的鸡，这种鸡个头比较大，肉质非常肥厚紧实。这种鸡被宰杀以后不去毛，在鸡的腹腔当中填入各种香料和盐，再把腹腔缝合，外面套一件稻草裹制的稻草衣，最后把它挂起来阴干。

毛腌鸡是中国的非物质文化遗产，也是杭嘉湖平原一带普通人家过年时必吃的一道菜。此外，排骨毛腌鸡汤、毛腌鸡炖鱼等，都是杭嘉湖平原地区普通农家年夜饭中的必备菜。

蛋的一万种吃法

禽蛋的做法在我们日常生活中有很多，譬如茶叶蛋、酱蛋、蛋烧肉等。光是鸭蛋就有三种大家很熟悉的吃法，那就是咸鸭蛋、皮蛋和糟蛋。

皮蛋最早是把蛋用草酸钾过湿后用砻糠裹起来的一种做法，不过这种做法已经很少见了，现在大部分皮蛋都是用一种草酸钾泥裹制而成的。皮蛋除了可以用鸭蛋来制作，还可以用鹌鹑蛋来制作。鹌鹑蛋做出的皮蛋比大一点的鸭蛋做出的皮蛋味道要清淡一点，没有那么浓烈的氨的味道。

咸鸭蛋的经典做法是把盐和在生土当中，再裹在鸭蛋上进行发酵、腌制；要想简单一点，就直接把鸭蛋泡在盐水中。另外，还有一种做法是用酒糟来泡鲜鸭蛋，这在南方地区比较常见，其中最著名的糟蛋出产于浙江平湖。这种做法的蛋壳在酒糟当中会蜕变成为软软的一层蛋衣。在浙江地区有用勺子舀着糟蛋吃的，也有把它和臭豆腐一起蒸着吃的，或者把它跟咸鱼一起蒸着吃。这也是禽蛋的一种很著名的吃法。

在蛋类当中，鱼卵和其他一些卵的吃法也很有特色，譬如，鱼卵的主要来源是鲟鱼。现在鲟鱼都可以人工驯化了，不再洄游，所以用鲟鱼卵腌制的鱼子酱现在大量地用于饮食。在中国用鲟鱼卵制成的鱼子酱产量惊人，从江浙一带优质的冷水当中，一直到新疆的雪山冷泉水当中都养殖着大量的鲟鱼。

还有一种鱼子酱十分稀有，但非常好吃，那就是用龙趸鱼卵制成的鱼子酱。这种鱼子酱大约要卖到每公斤 6 万多元。龙趸鱼属于生活在珊瑚中的一种大型石斑鱼。一般龙趸鱼的鱼子酱在食用时不会再掺杂到其他菜肴中，就是单纯用它就着苏打饼干或者面包片吃。

有些卵很稀有，譬如蚂蚁卵。蚂蚁卵除了蛋白质含量非常高，也有一些药用价值。还有一种常出现在餐桌的卵——蟹子。蟹子比较难以获取，所以，在日本料理的寿司当中，有时加上少量的蟹子，以表示这道寿司高贵。但蟹子的味道其实非常接近于虾子，也没有什么特别的味道。

介绍完这么多种蛋（卵）的腌制过程和烹饪方法，我想给大家分享一点吃蛋的心得。咸鸭蛋如果和松仁一起炒做成咸鸭蛋松仁炒饭，会是一道非常美味的正餐。另外，咸鸭蛋配番茄、肉片煮的汤，在立夏以后可以作为消暑的一道美味汤料，也很开胃。鹌鹑蛋制成的皮蛋做凉菜的时候，最好做成泡椒鹌鹑皮蛋。鸭蛋制成的皮蛋要就着酸姜吃，这样最美味。这种酸姜可以是普通商超里买的那种白色的酸姜，也可以是红色的酸姜，还可以是广东的白酸姜、江苏的红酸姜，都非常好吃。

　　总之，蛋是我们日常生活中非常容易得到，并且营养价值和热量都很高的食材，烹饪起来方便、简单、美味。蛋的腌制品也给我们带来了完全不同的味觉体验。当你把这些腌制的蛋品跟其他食材结合以后，会产生非常美味的复合味道。此外，鱼子、虾子和蟹子也都是我们能够调制出各种寿司、手卷以及面条的主要配料。

　　蛋给我们带来了美味，带来了愉悦，也带来了营养和能量，并一直伴随我们发展到了现代营养美食和简单美食的阶段。所以，从某种意义上来说，蛋一直是我们人类的好朋友。

鲅鱼跳，丈人笑

在中国沿海地区，无论是黄海的渔场、舟山的渔场，还是靠近东海、南海的渔场，都会出产一种常见的鱼——马鲛鱼。

马鲛鱼在江苏和山东一带被称为鲅鱼，之前说过的山东鲅鱼饺子就是用马鲛鱼的肉做成的。

在东北亚地区，生活在朝鲜半岛的人习惯于把这种鱼晒成鱼干，用来煮汤、熬粥或者炖菜。日本也有，但用量很少，不像中国沿海用得比较多。在潮汕地区，最好的鱼丸都是用马鲛鱼肉做的。这种鱼的肉非常细腻，且纤维紧致，所以做成的鱼丸很"弹牙"（形容肉质有弹性），味道非常鲜美。

在山东很多地方，马鲛鱼也是女婿第一次上门见老丈人、丈母娘必须带的一个礼物。当地有人称这种鱼为长鱼，

代表长长久久。

中国沿海地区还有另外一种有名的海鱼——石斑鱼。石斑鱼的种类很多，产于东海的只有红斑，而且要用钓的方法捕获。产在南海周边的石斑鱼就很多了，虎斑、青斑、老鼠斑都有，还有一种鱼叫苏眉，也是石斑鱼的一种。

石斑鱼的肉质非常鲜美，而且肉质细腻，有嚼劲。在中国，石斑鱼大部分用来清蒸，一般都不会用它来红烧。

石斑鱼跟马鲛鱼是中国沿海地区食用得比较多的两种海鱼。在欧洲和美洲，食用得比较多的海鱼是鳜鱼和三文鱼，他们的吃法跟中国的吃法有很大不同。他们做鳜鱼大部分用来香煎；三文鱼用来腌制，然后改刀，作为一种咸鱼来吃。

在西班牙、葡萄牙和意大利，沙丁鱼是他们主要的食用海鱼。这种鱼体型较小，但肉质非常鲜美。可见食用某种鱼，其实跟这种鱼的产地、繁衍生息的渔场，以及捕捞方式有直接关系。很多地方不吃某些鱼，更多的是因为当地不产这些鱼，而不是有什么特殊的禁忌。

在美洲地区，吃得比较多的海鱼还有一种就是鲟鱼。鲟鱼在美洲的密西西比河的河口地区产量很高，这种鱼大部分都是整条地改刀以后用来香煎或者腌制。

在西餐中，香煎或腌制之后再烹饪的方法是为了方便使用刀叉。这里也简单介绍一下，在西方的刀叉餐具当中，鱼刀和牛排刀是不一样的。鱼刀的刀头是圆的，而牛排刀的刀头是尖的；牛排刀的锯齿比较深，而鱼刀的锯齿相对比较浅。

从餐具的使用以及造型我们就可以发现，有些食物非常依赖于餐具，并且非常讲究餐具对品尝美食所增加的美感和快感。

中国人在春季最津津乐道的鱼类就是"长江三鲜"——鲥鱼、刀鱼和鮰鱼，严格意义上说这三种鱼也是海鱼，只不过它们在春汛的时候逆流而上，到淡水区产卵，形成了一个小小的鱼汛，进而能够满足爱鱼之人的口腹之欲。

中国人烹调鱼的时候，对鲥鱼的处理最独特，因为清蒸鲥鱼的时候是不能去鳞的。鲥鱼的鱼鳞有非常美味的脂肪附着，所以，食客在鲥鱼端上来的时候，首先要小心翼翼地把每一片鱼鳞放在嘴里抿一下，吸入鳞上的脂肪，才能够把鱼鳞丢弃，最后再去吃鲥鱼肉。

假如一个人不知道这种程序，一筷子下去，连鱼鳞一起咬下去，还怪厨师没有把鱼鳞去掉，那说明他从来就不知道鲥鱼该怎么做、怎么吃。

刀鱼也是一样。刀鱼上桌以后你先不要动筷子，等厨师把鱼肉剔下以后，将刀鱼的软骨炸酥。椒盐酥炸刀鱼骨才是刀鱼最好吃的一道美味。

"长江三鲜"当中现在较少见的鮰鱼的吃法也很独特。鮰鱼要用酱油慢慢地熬制，再炖成鮰鱼胶冻来吃。现在很多人都已经等不及了，直接红烧鲴鱼或者清蒸鲴鱼。

中国人对鱼类的烹调方法是最多的，而且都是根据每种食材量身定制的。所以，中国人能够按照每种食材的原有风味烹饪出最美味的美食，展现出来的也是这种食材最美妙的一面。

还有一种在全球都比较多见的海鱼——大青花鱼。它的肉质非常鲜美，但是肌肉纤维相对比较粗。在欧洲、美洲和亚洲的很多地区，它都是海洋捕捞中一种重要的渔获，而且它是用来加工各种美味佳肴的一种重要食材，比如腌制、香煎、烤鱼，都可以用大青花鱼来做。而且大青花鱼的脂肪比较丰富，烤制出来的鱼肉特别鲜美。大青花鱼也是东南亚一带、印度半岛很多贫困渔民的主要蛋白质来源，所以这种鱼对我们人类的营养获取有着非常大的贡献。

松露：猪嘴拱出的『钻石』

在中国，两大蘑菇高产区正好在我们祖国版图的两端：一个在西南云贵高原；一个在东北，包括内蒙古的一部分区域。这两个地区所出产的蘑菇也有很大的不同。

大兴安岭、小兴安岭和内蒙古草原出产一种白蘑菇，就和我们平常吃的口蘑差不多，但是比我们吃到的白蘑菇要大很多，肉质也厚实许多。大雨过后，它可以在 2~4 小时之内，从一个露头的芽点成长为一个 100~200 克大小的大蘑菇。所以，当地人也把采蘑菇当作非常愉快有趣的活动和一种生活补充，同时还能够增加一些收入。

处于蒙古高原、蒙古草原与内陆平原相衔接的枢纽重地张家口有一道名菜，叫烩南北。因为张家口是南来北往各种特产、货物的主要交易地区，因此才有了这么一道菜。这道菜是用北方白蘑菇的蘑菇干，跟南方毛笋的笋干一起炒制的，所以非常形象地被叫作烩南北。这道菜是许多去张家口旅游访问的人必吃的一道菜，它能够让人们品尝出南北差异、融合与补充的复合味道，非常美味。

讲到东北，我们自然会想到东北有一道用蘑菇做的经典菜肴——小鸡炖蘑菇。大家会问，这里的蘑菇是什么蘑菇呢？这个蘑菇其实是榛蘑（松榛），这种榛蘑主要生长在松林中。

松茸、松榛和松露是三种完全不同的蘑菇，生长的环境不太一样，对土质、酸碱度以及湿度的要求也不一样。但它们都有一个共同点，就是生长在松林中，所以有时候我们往往会把它们混淆了。但这三种蘑菇都能够给我们带来味觉上的享受。

松茸是一种主要产在云南，少量也生长在东北的蘑菇。这种蘑菇跟松榛最大的不同是它的伞盖相对较小，伞茎相对粗壮。而且它在分类上跟松榛分属两个科，松榛属于单伞类，而松茸属于多伞类。但它们都无法轻易人工培育。

讲过了松茸，那我们再讲讲松露。最近几年，我们在一些高档餐厅才能够接触到松露，也才知道有松露这种东西。其实松露在中国长期存在，只是不为人熟知罢了。

松露不是一种能够冒出地面的子实体，它是一种菌块。松露埋藏在地下，表面看不到，但它可以散发出非常浓郁的香味。所以一般人寻找松露，需要先训练出嗅觉非常灵敏的猪。目前在我国贵州、云南一带，也有山林驯养狗来寻找松露。

松露主要分黑松露与白松露两种，因为它的香型特殊，所以很难与有其他香味的食材进行有效的搭配。一般食用松露，都是用松露刨薄薄地削上几片，放在加热后的白饭、面包上或者汤中，以及其他能够彰显松露香气的食材上面，让这个香味散发出来，使就餐者在嗅觉、味觉上都有高度体验。

松露很珍贵，在欧洲它主要生长在地中海沿岸的法国、西班牙和意大利，以法国和意大利的产量最高，也是当地一种非常高档的食材。他们只是少量地把它点缀在各种食材上，从来不会把它拿来作为主食材使用。

在我们知道松露可以做食材之前，云南、东北的一些山民是用松露来泡酒的。松露酒很香，而且有特殊的味道。

其实在中国的一些松林中也可以寻找到其他菌丝所产生的菌块，比如茯苓。茯苓是一味很重要的中药材。有人把茯苓做成茯苓饼、茯苓膏或者茯苓糖，它有一种淡淡的松树般的清香，非常可口。

如果作为一种与大自然沟通的桥梁，茯苓和松露没有太大的差别。就像茯苓一样，松露除了能入菜，还被用来制作松露巧克力，以及松露味道的各种调味品，比如松露味的海盐、松露味的蘑菇酱。这些蘑菇酱的商标上大多写着松露酱，但我们要知道松露单独是做不成酱的，只是在掺和了一点松露以后，这个蘑菇酱的味道才会非常好。

最近，有人把两款非常经典的法国美食凑成了一道新的法国名点——鹅肝松露，它也是近年上榜的一道法国美食。

我们通过以上这些美食可以发现，蘑菇既普通又带有某种神秘、稀有的自然信号。

并不是所有的松林都能出产松露、松茸和松榛，那么怎么去分辨什么样的松林有这些东西呢？

松榛、松茸、松露这三种蘑菇要么呈伞状，要么是菌块，都没有办法进行人工培养。因为它们必须具备特定的生长条件，即必须在 50 年以上生长期的松林中才有可能找到。

生物是非常奇妙的共生体，它们存在于一片土地上，自有其生长规律，互相帮助。譬如，菌丝能够帮助松树更容易地吸取土壤中的营养，而松树的树根又容易使菌丝具备附着的条件，让它有一个"家"；菌丝能够吸收各种各样的微量元素和微生物，变成松树营养的一个主要来源，松树的一些代谢物又滋养了这些菌丝。

通过这些事例，我们了解到几乎所有的美好都是共生的。自然界如此，植物界如此，松树与松茸、松榛、松露的关系如此，人与人之间的关系也是如此。

再讲一个非常经典的蘑菇的故事。我们都知道鸡枞菌很珍贵，到现在也没有办法人工培育和生产，因为它一定是和白蚁窝相伴生的。白蚁并不直接食用植物，它们把一些植物，譬如植物的根、茎和树叶等拖到白蚁窝中，用蚁酸加以腐蚀，变成自己的培养基。这个培养基上附着生长了大量的真菌，白蚁就是以食用这种真菌为生的。

这种真菌难免会带有鸡㙡菌的真菌粒子，所以在白蚁窝的顶部就长出了鸡㙡菌。鸡㙡菌的菌秆相对比较硬，菌伞相对比较软，非常美味。一般新鲜的鸡㙡菌可以拿来爆炒，或者跟鸡丝、肉丝共同翻炒。

通常的鸡㙡菌大家不舍得这么做，就把它熬制成菌油。菌油可以用来拌面、炒饭，也可以作为其他菜肴的调味品。

白蚁窝与鸡㙡菌之间的共生关系，是另一个生物体系当中共生共融的一部分。鸡㙡菌的出现为白蚁提供了食物，白蚁的劳作又使我们收获了鸡㙡菌的美味，相得益彰。

细菌的世界、真菌的世界、蘑菇的世界，是一个非常奇妙的生态系统，值得我们仔细观察，认真品味，它会给我们带来一种全新的生活体验。

五味的野果，百味的人生

　　每个人的饮食习惯，都会随着时代的变迁和年龄的增长发生变化。当我们回顾这段变化的轨迹时会发现，那些一直伴随着我们的口味或风味，都跟幼时寻找食物的过程紧密相关。

　　或许你已经记不得自己小时候寻找食物的感觉了，但我们在观察小孩子的时候，会发现他们常常将一些不能吃的东西塞到嘴里，比如玩具、桌子腿、椅子扶手等。从这个行为我们就能发现，人在婴幼儿时期，感知世界和认知世界的重要途径是咬和吃，这个过程不但满足了我们的好奇心，也是引领我们一步步认识这个世界的必要过程。

　　很多人的童年都有过采食野果的经历。很多小朋友都采摘过蔷薇花的茎和芽，把皮剥了以后，放到嘴里，尝起来酸酸的、涩涩的，还带一丝微微的甜味。还有一种植物俗称"救军粮"，小孩子会把它当作一种小小的山楂果，来满足自己对食物的好奇。这类小野果种类繁多，譬如拐枣和斑楂。千万别小看了这些伴随着我们成长的小浆果、小野果，其实它们是陪伴我们认知世界、感受人生五味杂陈的第一步。

神农尝了百草以后才知道哪种草有什么功用，这正是一种对植物、对世界认知的缩影。这个缩影也是我们在接触这个世界的各种味道、各种鲜果植物的过程中得以积累、升华，并形成我们对自然认知的第一块基石。

从南到北、从东到西，我们能够接触到的野果不知有多少。采摘野果其实是每个孩子撒欢儿回到自然的怀抱，以及从自然当中学习生活经验的一个重要组成部分。虽然我们也遇到了一些风险，譬如尝到一些令自己难过的味道——苦味、辣味、腥味，但正像我们在人生当中碰到的一些挫折、困难一样，它带给我们的是经验教训，让我们以后避免再去触碰这类野果。

春天，桃花开了不久，树上就开始结出小小的毛桃，很多调皮捣蛋的小孩子就会相约去采摘一些毛桃来吃。毛桃连酸味都没有，可是大家就是觉得这是春天才有的美味。进入夏季之前，桃树的树枝上、树干上分泌了很多桃胶，很多小朋友也去采摘新鲜的桃胶，直接嚼着吃。这也不是一种多么美妙的味道，但是，它确实是一个让人与自然亲近、了解自然的媒介。

除了"救军粮"、斑楂等，小野果中还可以发现许多小浆果。比如菇娘果，这种浆果主要分布在东北地区，青涩的时候味酸，变红后味甜，变紫后就会带有一点酒香。覆盆子，也就是树莓，现在已经可以大面积人工栽培了。但除了人工栽培，我们依然可以在山坡、鱼塘边、小路边遇到大量树莓。此外还有蒲公英，我们可以把蒲公英的根采回来，洗干净慢慢地嚼着吃，能够嚼出一点甘草的甘味。

这些野果不胜枚举。随着我们年龄的增长，工作、学业负担的加重，像采摘野果这种小时候常常会做的事情，也都不再去做了。可是，这段经历留给每个人的印象都是深刻的，这也是每个人品味人生、品味生活、品味自然的开端。这个开端不仅仅有感动的甜、楚楚的酸，还有令人难忘的辛辣，它们带给我们对自然的向往和敬畏，更重要的是让我们知道自己与自然的关系，这是一个不断认知、不断回归、不断跟自然相协调的过程。

实际上，这是我们人生中必不可少的一课，缺了这一课，我们会缺乏对自然四季分明、日夜分明的节律的理解，也无法看到野果是如何由一朵小花慢慢结果，由青涩到成熟再到凋零的过程。更重要的是，我们从中认识到，吃除了果腹，还能让我们更深切地理解自然的丰富与微妙。

我们常常说，人生是一个寻味的过程。味道被我们描述成品味、风味，这除了是一个寻觅世界、感知世界的过程，也是我们审美的开始。很多人会忽略味觉审美的培养，但实际上，味觉审美是我们感受这个世界多样性的重要渠道。人们常说，"耳听为虚，眼见为实"，其实更实际的、更刻骨铭心的是你品尝到了，那是再真实不过的一种人生体验。

我们也是从这一点点小野果的探索和品尝中培养出了对植物学、博物学、动物学的兴趣，进而让我们在这个浩瀚的自然世界当中漫游、感知、求索与发现。

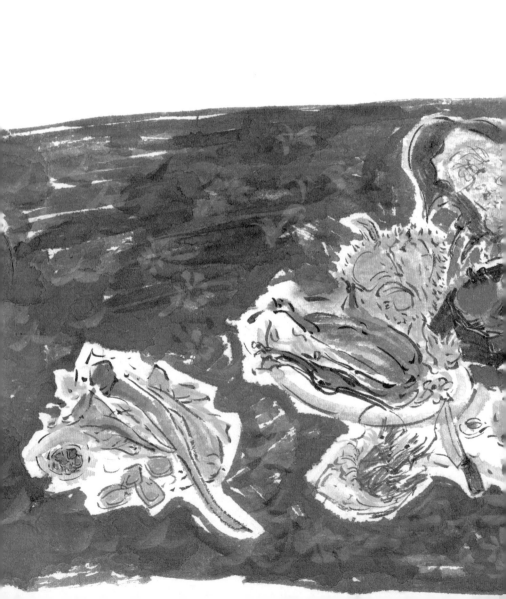

章 四

真·相

美食八卦

你不知道的 10 个食物冷知识

艺术源于生活。

生活的丰富多彩，让我们对生活充满感慨，也让我们非常想将自己从生活中所得到的喜怒哀乐，通过文字、语言以及生活方式（包括聚餐的方式、菜品的设计）传递给他人。在这个过程当中，我们已经将很多生活细节艺术化，包括食物的加工与食用。比如，某个食物曾经打动过某个皇帝，某种食物曾经救过某个皇帝的命，某些食物能够给我们带来强烈的情感共鸣，某种食物具有一些神奇的功效。

艺术本身源于生活，并且高于生活。在对艺术不断加工的过程中，我们离真相、离它的原生态就会越来越远。我们在前面也谈到，食物、食材、生物的进化离不开外部环境的变化，而外部环境的变化并不受我们的控制。变化是永远存在的，那么我们需不需要寻找到这条变化的脉络和逻辑呢？如果知道了这条脉络，我们不但在日常生活中会学习到自然的法则、自然的规律，也可以学习到一些诸如逻辑、定义等我们思考、观察、定性某些问题的基本法则。

　　现在已经很少有人提"无师自通"了，生活本身就是我们最好的老师。这位"老师"告诉我们生活的真相，会帮助我们寻找到我们习以为常、熟视无睹的自然和生活中的真相。了解了真相，我们就会心安，就会把自己置于生态系统当中，而不是把自己摆在生态系统的对立面上。因为我们不但知道周边的真相，也知道自己是谁——这个真相比什么都重要。

吃猪指南

变『废』为『对』的

在我们中国人的饮食习惯里，猪真正做到了物尽其用，即使内脏也被认为是很重要的食材。猪有两个内脏比较特殊，一个是花肠。花肠其实就是母猪的生殖器官，包括输卵管、子宫。这种食材的受众很小，但是在广东、上海这两个地方，吃花肠的人还是比较多的。另一个是猪的膀胱，也就是尿脬，淮扬菜当中卤制的猪尿脬做得最好，在某些地方它还专门做给上小学前的小孩子吃，表示小孩子已经长大。

猪身上还有一个看似很不起眼的边角废料，那就是中国厨师在烹饪时经常用到的"大网膜"。它不是内脏的一部分，而是在猪胃肠上的一种网状油脂。有一道非常著名的菜肴叫清蒸鲥鱼，在前面我们讲过，鲥鱼在清蒸时是不刮鳞的，蒸好后的鱼鳞上带有非常浓郁鲜美的油脂。这个油脂是怎么来的呢？就是在蒸鲥鱼的时候盖上一张大网膜。大网膜经过高温融入鱼中，最后变成一道特殊的美味。川菜、鲁菜中都有一道菜，叫蛋粉卷，这道菜也要用到大网膜——先在食材上裹上大网膜，然后将其丢到面粉中滚成卷，再放入油锅炸，炸完后大网膜的油脂都不见了，全部融入蛋粉卷，十分美味。大网膜在中餐中的使用方式还有很多，远不止这些。

猪尾，这个在西方厨师眼中看来是边角废料的食材，在中国厨师手里却是一宝，它能变幻出各种各样的美味。比如在四川、河南等地，卤猪尾就是一道非常著名的卤味。在长三角地区，很多人会用猪尾炖黄豆，这是一道冬季滋补的美味。事实上，无论是食材的哪一块边角废料，只要你用心观察它的特点，都有可能是制作某样美食必不可少的原材料。

猪的全身都是宝，包括一般人不太留意的猪皮。猪皮在西方的主要用途是制革，即用来做成各种各样的皮衣、皮具等。但是在东方，猪皮主要还是用在饮食上。我们接触比较多的是发皮，即把猪皮晒干以后，用油炸成蓬松的块状。东南沿海一带还有一种将晒干的猪皮用滚烫的沙子来发蓬松的吃法。在北方，人们常常会把猪皮做成皮冻，然后将它加入包子或饺子中，做成我们常见的灌汤包或灌汤饺。

西方是没有人用猪脑来做食材的，但是这一食材在东方却用得很多，包括日本。日本主要是将猪脑做成日式的麻婆豆腐，这个技术现在也被中国很多厨师广泛采用，加了猪脑的麻婆豆腐可以体现出特别滋润的风味。四川、重庆有烤制的猪脑，在广东有一种猪脑粥，很多人都喜欢。当然，这是一道很小众的美食。

虾线到底要不要挑掉

虾是一种很常见的食材，也是优质蛋白质的一个主要来源。所谓优质蛋白质，就是指脂肪含量少，皂苷类含量比较多，而蛋白质的主要构成是我们身体所必需的氨基酸，所以虾肉正好符合了上述所有要求。

在讲虾之前，我想先给大家讲一个关于虾的解剖学知识。虾的肌肉中有一根黑色的线，许多人把它叫作虾肠，认为是要挑掉的。但我个人认为，这不是虾肠，从解剖学上来看，它其实是虾的一根神经管。虾的排泄孔是在虾头与虾尾之间靠前的腹部处，虾的鳃、肝、心脏以及整个循环系统都在虾头中，而不在虾的尾部。明白了这一点，我们下次吃虾的时候就知道该怎么处理它了。

虾的种类非常多，我们日常接触较多的还是内河的一些江虾、河虾和湖虾。这些虾从外观上看可以分为青虾和白虾两类。青虾的壳比较厚，肉相对来说比较嫩滑；白虾的壳薄，但是虾肉比较紧实。鲜美程度，则主要看每个人的烹饪技巧。

虾肉的吃法有很多。最简单的就是用盐水煮一下，或用油锅爆一下；复杂一点的，可以将虾开片，加上蒜蓉蒸，或者把虾仁做成各种菜肴的点缀，或者做成虾球、虾丸，抑或作为馅料包成虾饺，等等。在中国由南到北的各个菜系中，有虾入菜的菜肴大约有 1 200 道，这还不算用虾制作的虾干所带来的美味。虾干中有金钩、开洋等种类，无论哪一种，都是吊高汤或者制作基汤的主要原材料。无论是江南的三鲜汤，还是北方地区用来做开水白菜 ① 的高汤，都会用到开洋、干贝等食材。

另外，虾身上还有一处美味，那就是我们前文多次提到的虾子。我们讲过，安徽巢湖的小刀面，就是配上虾子干做的。

在中国的近海，对虾是一种知名的虾。其实，之所以叫对虾，并不是因为它们成对生长而得名。有一种说法是，它们在迁徙过程中会成对成对地往前游。但是这一对对的虾并非一雌一雄，而是一对雌或者一对雄，这是因为雌虾和雄虾的个头、体力差距都很大，游泳的速度也不一样。所以，千万不要像比喻鸳鸯一样去比喻对虾，会闹笑话的。

---

① 开水白菜是川菜中的官府菜，但它是从北方传过去的，所以我们这里认为它属于北方菜系。

还有一种比较特殊的虾，因为虾头和虾尾的比例几乎是 1 : 1，所以被形象地称为大头虾。产于湄公河的大头虾最为鲜美，也是所有虾肉当中质感最紧密、虾膏最多的一种。虾头中的虾膏富含脂肪，很多人都会把它跟蟹黄相比，这也确实成就了虾的另一种美味。在浙江温州，有专门做虾头酱或虾头膏酱的作坊，一瓶瓶的虾头酱或者虾头膏酱用来烹调其他食物，或者拌面、炒米粉，都是绝美的味道。

此外，龙虾的种类也非常多，在这里介绍两种大家比较熟悉的龙虾。一种俗称为澳洲龙虾，其实就是生物学意义上的青龙虾；另一种是波士顿龙虾，这是一种大西洋龙虾。

这两种龙虾最大的不同是，波士顿龙虾的螯非常大，而且非常厉害。曾经有媒体报道，有渔民不小心被这种龙虾的螯钳住，手指都被钳断了。龙虾的生长期通常都比较长，所以有时候我们会看到新闻，说有人捕获了一只 100 岁的龙虾。他怎么知道这只龙虾 100 岁了呢？其实这里有一个规律，所有的龙虾大约都是每 7 年增加一公斤的体重，通过它的体重就能倒推出年龄。

龙虾的肉跟大多数我们所熟悉的河虾、江虾、海虾相比，蛋白质、脂肪和微生物的含量都不如后者。但是龙虾比较稀少，体型又大，可以达到大快朵颐的效果，所以市场价值很高。

日本人比较喜欢用龙虾做刺身，或者生吃；中国人则愿意用熬好的鸡汤或上汤来煨龙虾，做成高汤龙虾；欧美国家则更习惯用葡萄酒等酒类来烹制龙虾。不论哪种做法，都是为了提升龙虾本身的鲜香，而不是为了用这些辅料、作料来夺取它的鲜香。

　　说到龙虾，我们就不得不讲讲"小龙虾"。其实，小龙虾跟龙虾毫无关系，它并不是虾，学名为蝲蛄。龙虾是靠鳃生活在水中的，而蝲蛄是靠它腹部的气膈生存的，可以生活在水中，离开水后也可以存活很长时间。蝲蛄的吃法实在太多，有麻辣的、十三香的、红烧的，也有用蝲蛄做成蝲蛄虾仁的。各种各样的菜肴丰富了我们的餐桌，也满足了我们的味蕾享受。因为市场的需要，各地开始大量人工饲养小龙虾，但是早期的教科书不主张人们吃蝲蛄，因为它是肺吸虫的中间宿主，容易导致疾病。今天随着人工饲养管理的加强和防疫条件的改善，蝲蛄已经不再携带肺吸虫了，所以大家可以放心食用。

墨鱼、鱿鱼和八爪鱼的原型竟然是水母

有两种陆生的软体动物，在我们的饮食当中占有相当重要的位置，而且也成了两种东西方的标杆美食。这两种动物，一个是田螺，一个是蜗牛。

田螺在南方的水田中非常多见，并且这是一个被人们投射了许多温馨、善良和美好意念的物种，几乎所有人都知道"田螺姑娘"的故事。田螺在东方的菜肴中有两个经典的食用方法。

一个是苏州的田螺香肉，即将新鲜的田螺取出螺头以后，加上鲜肉、作料一起剁成馅料，再重新填装进田螺壳中，然后进行烹调。这道菜可以炖，可以炒，也可以蒸。

另外一个是广东廉江的腊田螺。廉江的腊味非常有名，这跟它的土壤、气候以及当地的一种井盐有直接关系。除了腊香肠，廉江还有两道非常著名的腊味，一个是腊鸭蛋，另外一个就是腊田螺。

廉江水田里的田螺非常肥美。田螺对水质的要求非常高，而廉江大部分的稻田是用山泉水来灌溉的，所以这种稻田里出产的田螺就非常肥美。这种田螺可以用来做腊田螺，即先用盐腌制，之后晾晒，等到节日的时候拿出来做腊味合蒸。

我们都知道法餐中有一道非常经典的菜肴是用蜗牛制作的，通常用的就是白玉蜗牛。它的制作方法也有很多，比如，有去壳以后专门摆在土豆泥当中烘烤的蜗牛，也有连壳一起烘烤的蜗牛。蜗牛是经典的法式菜不可缺少的一道食材。这种蜗牛在中国也被大量饲养，但是我们没有食用蜗牛的习惯。因为蜗牛所产生的黏液具有非常好的美容效果，所以现在大部分的蜗牛养殖场都会把养殖的蜗牛用来提取黏液，做成各种各样的面膜。

还有一种我们常见的可食用软体动物，那就是水母。水母早期都是单细胞水母，这可能是我们地球生命最早的存在形式。水母种类繁多，有一种水母被当作活化石，即桃花水母，它只生活在洞穴深处的淡水中，而且对水质的要求很高。也有一部分水母可以生活在有阳光的湖泊当中，譬如菲律宾的金色水母，它就能够利用光合作用来增强自己的新陈代谢。

随着不断地演化，水母进入了海洋中，发展出门类众多的水母群，其中有一部分水母是有毒的，但是大部分水母是可以食用的。

比如，海蜇就属于此类可食用的水母。海蜇分两个部分，有些人喜欢吃这类水母的整个伞盖，这个伞盖就是海蜇皮；也有人喜欢吃海蜇的须和它包裹内腔的头部，这部分就是海蜇头了。

海蜇本身没有味道，我们接触到的海蜇头、海蜇皮都是被盐腌过以后呈现出的味道。无论是在南方还是在北方，海蜇头、海蜇皮都是一道重要的凉菜，甚至在山西这些不靠海的地方，海蜇也是一道重要的美味食材。有时候，我们还能在山西遇到当地的美食——老醋海蜇，老醋用的是山西的老醋，泡的就是海蜇头。

海蜇在西方是不上餐桌的，只有在东北亚，包括日本、韩国和中国被食用。这也说明我们的祖先将认知食物来源、获取食物来源发挥到了极致。

有研究发现，水母经过进一步演化，就变成了我们今天非常熟悉的墨鱼（又称乌贼）、鱿鱼和八爪鱼。它们依然保留着水母所有的触须和触须上的吸盘，这些吸盘可以用来捕捉食物。跟水母不同的地方是，它们已经进化出了一些感觉器官，譬如视觉器官和嗅觉器官，而且它们能够为了觅食朝一定的方向游动，即使它们对方向的控制感不如鱼。

墨鱼在东西方的餐桌上占有重要的位置，而且它的墨囊在西班牙炒饭、意大利面条中被广泛使用。墨鱼的墨汁其实就是一种蛋白质，而且这种蛋白质可以被分解为非常美味的蛋白胨、蛋白链，所以很好吃。软体动物的蛋白质都是一些原始的蛋白质，也就是说它的蛋白链和蛋白胨相对简单，即由一些必需的氨基酸构成，同时非常宜于我们的消化系统吸收，所以是优质的蛋白质。除此之外，西方的那些海鲜烩饭、海鲜汤，以及比萨，也大量地使用墨鱼和鱿鱼。

东方对这两种鱼类有更广泛的使用，墨鱼除了把墨囊晒成墨斗膏，墨鱼的鱼尾部、海螵蛸和鱿鱼的海螵蛸是可以用来入药的。

墨鱼和鱿鱼的吃法有很多，比如把墨鱼和鱿鱼做成鱼干，就是我们讲的明府鲞和鱿鱼干，可以用来炖肉。新鲜的墨鱼和鱿鱼可以直接炒着吃或者做汤。这里要注意，无论是鱿鱼还是墨鱼，如果我们想让它们在餐盘中表现出非常漂亮的花纹，就要在它身体的内部划十字刀，才有可能让它翻转，而不是在它的表面划刀。

水母的另外一种进化方向跟墨鱼、鱿鱼不太一样，它们进化出了非常粗壮的触须，触须上面又有非常强有力的吸盘。在民间，这种鱼大的称为八爪鱼，小一点的称为章鱼，更小一点的称为望潮。我们在日常生活中接触到的望潮比较多，它小小的身体，有八根长长的须，须上面有强有力的吸盘。它们大部分生活在海底，因为进化出了一些皮肤呼吸的功能，所以落潮的时候还可以在滩涂上爬行或者爬上岩壁，因此得名望潮。

这几种软体动物在东西方的饮食当中都有出现。相同点是，不管哪种吃法都相对简单，这是因为它们都适合深度加工，但过度加工会使它们的肉质过于紧实，变得不太鲜美。你也可以尝试稍微加工一下，然后蘸一点作料，就能够完成你跟大海的亲密接触了。

中国的猕猴桃怎么就成了新西兰特产

本篇我想给大家介绍四种原产于中国的水果：猕猴桃、枣、石榴和柿子。

猕猴桃是一个地道的中国原产的水果品种，后来被新西兰的园艺学家带到了新西兰，培育出了今天常见的个头较大的猕猴桃，我们把它叫作奇异果。

猕猴桃在中国的分布非常广泛，从秦岭的南坡到武陵山，甚至一直到东南沿海的武夷山区。生产猕猴桃的地区一开始并不是拿它来做水果吃的，而是用来泡药酒。猕猴桃口感比较好，而且能够使各种药材的药效更加有效地发挥。

再说说大家更熟悉的一种水果——枣。枣在中国被当作能够补气补血的一种水果。在北方相对贫瘠的土地上面，枣树也能生长得非常好，它是很多北方农村的主要经济来源。

鲜枣可以做水果，晒干的枣可以长期储存，而且能作为烹饪食材使用，譬如枣糕、枣馒头、枣泥馅料等。枣也可以做成各种蜜枣、酸枣等蜜饯。枣核有安神的功效，在很多地方也被广泛地用于治疗失眠的药方中。枣被中国老百姓看成吉祥如意的象征。在北方的农村地区，当春节时接待亲朋好友，或者家里有喜事的时候，枣干都作为一种喜庆的干果，或者寓意早生贵子。

石榴的产地是有争议的，有说它原产于中国，也有说它来自印度，但是目前绝大多数专家都认同石榴的原产地在中国。因为这种水果的遗迹不太容易被发现，我们只能通过一些历史文献所记载的出现石榴的时间来做推论。

中国的很多建筑物都会把石榴刻在窗户或者门上。因为石榴象征着多子，所以它是中国古代生殖崇拜的一个重要符号。在西方，这个符号由葡萄来承担，葡萄的花纹意味着多子多孙。

石榴也是一个非常耐种植、好种植的品种，一般的石榴树 3~5 年就可以结果了，当然果子的好坏是另外一回事。在中国，其实石榴花在很长一段时间内是我们植物染料的一个重要来源，很多鲜艳的纺织品都是用这种染料染制的，非常艳丽。俗语"拜倒在石榴裙下"指的就是拜倒在被石榴花的植物染料染制的纺织物之下，现在这句话多半用来表示对某位漂亮女性的崇拜。

石榴除了可以直接吃，还可以榨汁。石榴汁有两种：一种是酸石榴汁，一种是甜石榴汁。甜石榴汁自不必说，但酸石榴汁可不是没有成熟的石榴榨成的汁。酸石榴的酸本身就是石榴成熟的时候形成的酸，这种酸主要是由果酸构成的。

　　能够产生酸的著名水果有四种：柠檬、青梅、白花木瓜（也叫酸木瓜）和酸石榴。

　　老树的酸石榴特别珍贵。酸石榴汁含有丰富的抗氧化物、维生素 C、柠檬酸、叶酸等，是我们提高免疫力、增强抵抗力的有效成分。石榴水分足，出汁率超过了很多水果。另外，石榴也可以入药，中暑时喝的午时茶里就有石榴制剂。

　　除了石榴，在中国传统文化当中表现形式比较多的水果还有柿子。柿子的造型在瓷器等工艺品当中经常可以见到，写书法时用的水盂，很多也都是柿子造型。因为柿子有开市大吉的意思，所以很多时候人们也会在某个商铺开张的时候送上一束挂满柿子的柿子枝，来表示开市大吉。

　　柿子有很多种，可以笼统地分为脆柿子和软柿子两类。脆柿子又有两种：一种是可以在树上成熟的脆柿子，像牛心黄、鸡心黄，桂林的脆柿、扁柿等；另一种是在山西出产的甜柿，柿形相对长一点。而火红、火景（又叫火晶）、灯笼柿子等，则都属于软柿子。北方人冬天常常会把柿子放在窗台上冻起来，吃的时候就像吃冰激凌一样。

　　因为柿子在采摘和运输过程中容易发生变质，所以也常常被做成柿饼。柿饼是中国人喝茶的时候常用的一款茶点。就着南枣、柿饼喝茶，是中国人的传统选择。

以上介绍的四种水果都和中国文化有着密切联系。还有一种水果也原产于中国，跟中国的民俗以及日常生活联系比较多，那就是山楂。只要说到中国符号，人家首先就会想到中国结、窗花剪纸，以及以山楂为主要原料做成的冰糖葫芦。枣、猕猴桃、柿子、石榴等几种水果的寓意，不但代表了中国人对美好生活的向往，也代表着我们热爱生活、感恩脚下这片土地的态度和审美情趣。

流着蓝色血液，这个神奇动物竟然能救命

节肢动物的蛋白质都是非常优质的蛋白质，鲜美细嫩，而且富含人体所需的各种氨基酸。

爬虾，一般也叫皮皮虾，广东人把它叫作赖尿虾。生长在南海的赖尿虾要比生长在东海、黄海的个头大一些。这种虾有一个近亲——螳螂虾，它的个头相对比较短小，但是肉质更加紧实。

螳螂虾是一种非常美味的虾，它和皮皮虾的不同之处在于，螳螂虾头部长着一对可以快速弹起的大钳子。就像狼牙棒或九节鞭一样，在强力的弹击之下，这对大钳子甚至可以把一些贝壳击碎，螳螂虾就是用这种办法吃掉壳肉的。

螳螂虾的壳比皮皮虾更硬，而且更加不好下嘴，因为它的内缘有很多刺毛，很容易钩住食客的嘴唇。因此在渤海湾

一带，当地人一般是用擀面杖把螳螂虾的肉挤出来包饺子吃。

另外一种节肢动物大家可能在水产市场中会碰到，那就是鲎。它外形圆圆的，一般直径在 20 厘米左右，大的可以达到 30 厘米，前部有一个尖尖的大鞭子，远远看上去像一口倒扣的锅。鲎的一些节肢已经退化到腹部内部了，隐于后盖之下。

鲎是一种多见于东海附近的滩涂地上的节肢动物，有人会不小心在涨潮或者退潮的海滩上踩到一个鲎，有时候还恍惚以为踩到了一颗地雷。鲎确实是一种营养价值非常高的海生节肢动物，它的血液是蓝色的，而且有着非凡的用途。用这种血液提取的生物制剂，可以帮助重金属中毒的病人将重金属螯合排出体外。因此，鲎是一种不可多得的救命生物。

鲎的吃法只有一种。当你拿到鲎的时候，在它的后壳与腹部之间切一刀，它就会流出一种类似于蛋清的液体，这种液体可以用来下汤，然后在汤中撒入一些香菜，就是一款非常美味的鲎汤。大部分沿海居民都是把鲎汁放在碗里，蒸成像蛋羹一样的东西，然后浇一点酱油，就像吃蒸蛋羹一样，味道无比鲜美。

目前没有发现西方有食用鲎和螳螂虾的记载或实例，这两种生物只能够在当地的水族馆中看到，从来没有上过他们的餐桌。

能入菜的节肢动物并不都生活在海里，有两种陆生的节肢动物也很常见。第一种就是很多人在旅游景点和小吃摊都见过的油炸蝎子的主食材——蝎子。

　　大约在3亿年前，蝎子从海洋爬上了陆地，慢慢进化成了今天的样子。蝎子全身都是宝，它的药用功能很强，在许多中药处方中都被用到。此外，人工提取的蝎子毒素既是一种血栓溶剂，又是高档的美容溶剂。

　　蜘蛛也是一种既能入药又能入菜的节肢动物。而放眼世界，亚马孙河流域的原住民和东南亚地区的一些国家也会吃蜘蛛。在柬埔寨的暹粒，随处可见卖蜘蛛、吃蜘蛛的人。那里的蜘蛛是一种毛蛛，个头比较大，肉也比较肥美。而在欧美国家，蝎子、蜘蛛基本都是被当成宠物饲养的，不会被食用。

西方人究竟吃不吃内脏

在很多人的印象中，西方人是不碰动物内脏的，但也不绝对。有很多地区不但"碰"，而且还把内脏做成具有特色的名吃。

在英国的苏格兰地区，当地人将青麦粒、松仁、羊肉，还有羊的一些杂碎，譬如羊肝、羊心等，装入或缝入羊肚当中，然后蒸熟切开，撒上一点威士忌，作为在冬季聚会上的一道美食。

西班牙人如何吃羊肚呢？他们会把洗干净的羊肚中裹入一只鸡，然后上火炖煮。炖熟之后，改刀把羊肚和鸡肉切块分食。

优雅的法国人也会吃动物内脏，他们做的一道美食叫油煲羊肝，即把羊肝改刀，在油中浸泡，然后上笼蒸，蒸完以后再煎制，这是一道法国名菜。

所以，西方人不吃内脏的说法并不准确。西方的主要社会在前期基本都是渔猎民族，后期变成了游牧民族，羊肉对他们来说一点都不陌生。他们传统的吃法是烤羊肉，现在被认为比较高雅的羊肉的做法，大部分是做成羊排。他们用煎牛排一样的方法来煎制羊排，煎完以后涂抹上薄荷酱或者罗勒酱再食用。羊排在澳大利亚也算一道招待贵宾的名菜，新西兰也一样。

在阿拉伯的很多地区，隆重的宴席上一定会有烤羊腿。羊腿整只烤完以后，用身边的弯刀分割好后互相喂食，从中我们也能看到阿拉伯地区还保留有许多古代部落饮食的遗风。

在非洲的许多游牧民族地区，男孩的成人礼中有一项就是吃一个羊头，而且是整个吃下去，羊头只是简单地用清水煮熟。这一习俗可以追溯到两三千年前，斯巴达勇士们在培养后代的时候都会做炖煮羊头，然后给大家分食，希望他们日后也能成为勇士。

羊肉是人类早期最容易接触到的一种肉类食材，而羊被驯养的时间也最久，所以，世界各地都有很多吃羊肉的习俗。墨西哥有一道美味，就是用墨西哥饼卷着煮制好的羊舌来吃，羊舌做得非常顺滑美味。除此之外，我们也可以从大量的文学作品、影视剧中看到，西方人会在一些宫廷聚会、晚餐派对上烤全羊。吃羊肉在西方是一种具有历史传统的生活方式，甚至已经成为他们的一种文化符号。

羊奶酪也是西方做得比较多的一种奶制品。羊奶跟牛奶有两个不同之处：一是羊奶的钾含量比牛奶高；二是羊奶的脂肪含量比牛奶高。羊奶酪是很多西方名菜中不可或缺的一味配料，一些著名的意大利比萨、意大利面或者法国洋葱汤中一定有羊奶酪。因此，在西方很多具有当地民族或者当地文化背景的饮食当中，羊奶酪都扮演着非常重要的角色，从中我们也能感受到曾经是牧羊人的这些民族的一些饮食传统。

哥伦布发现美洲大陆以后，把美洲大陆出产的一些农产品带到了欧亚大陆，我们今天经常见到的马铃薯、西红柿，就源自美洲。这两样食物进入欧洲后，也与欧洲固有的饮食方法发生了一些碰撞。爱尔兰地区有一道经典的美味，就是用羊肉来炖煮马铃薯，这是爱尔兰民族最著名的待客菜。

居住在俄罗斯尤其是高加索地区的人们，也常用西红柿来炖煮各色的羊汤，包括羊杂汤、羊肉汤等。当你喝着高加索地区的西红柿羊汤，就着当地的三角麦饼，很容易品尝出这个地区所特有的饮食气质，也就可以理解，当年亚历山大为何没有办法翻越高加索山脉了。

饮食很奇妙，它背后隐藏着文化的脉络和文明的密码。在这个过程中，各地的文化习惯互相融合、互相借鉴，因此，非洲和欧洲有相同之处，亚洲和欧洲也有相同之处，欧洲和美洲又因为食材的不断交融，变成我们今天饮食文明的基础。

花式吃鹅

　　鹅在我们所接触的禽类中个头最大，但是，接触它的频率却很低，因为人们并不会像吃鸡、吃鸭那样经常在餐桌上碰到鹅。

　　鹅除了是家禽以外，很多地方也把它当作看家或者怡情的宠物来养。譬如，我们知道王羲之与鹅之间的关系，他对鹅的观察，以及所描述的鹅的那种美妙身姿真可谓惟妙惟肖。我们是否知道，鹅还是一个性幻想的对象，比如达·芬奇的名画《丽达与天鹅》，以及中国古代文人对鹅的很多臆想。所以，鹅是超越了禽类的一个文化符号。

　　鹅还常被当作家的守护者来养，所以很多地方不把它叫鹅，而叫作"白狗子"。

　　鹅的大小差别很大，譬如，我们知道潮汕地区狮头鹅的个头就很大，如果是五龄、七龄的狮头鹅，可以重达 20 斤。通常我们见得比较多的是白鹅和灰鹅，青鹅则比较少见。

在鹅的家族当中，鹅肉的口感、香型基本没太大的区别。但是，鹅作为一种优质蛋白质的来源，其实被我们误解了很多，因为很多人说鹅是发物。所谓发物就是容易上火、容易积累热气的食物。其实李时珍在《本草纲目》当中把鹅描述成一种温补、性和的食物。

所以，各家流派不一样，对鹅的理解也不一样。鹅除了是一个有争议的，并且超越了美食范围的符号，其实还是我们很多基础美味的一个重要来源。

远的不讲，在我们今天拥有大量舶来品美食的时候，大家一定会想到法国的鹅肝酱。这是一款很有名的奢侈美食。中国也有鹅肝的各种做法，甚至也有鹅肝酱，但是，跟法国的鹅肝酱有本质的区别。法国的鹅肝酱更多的是用催肥的方法，使鹅肝中的脂肪颗粒含量增加，而中国的鹅肝酱只是利用一些鹅肝原有的香美味道。

中国鹅肝酱的产地我们知道主要来自两个地方：一个是在瑶族聚居区，尤其是过山瑶（中国四大瑶族支系之一）的村寨当中。他们制作的鹅肝酱是先把鹅肝剁碎，再跟当地产的一些草药——最主要的是一种非常接近于九层塔的香料——一起捣碎熬制而成。这种鹅肝酱是一道招待尊贵客人的美食。

另外一个是在潮汕地区。他们制作的鹅肝除了是卤水拼盘当中的主角，还把鹅肝做成酱，包裹在米果当中，上笼蒸制以后供食客食用。所以，我觉得中国的鹅肝酱更接近于自然。

鹅在东方、在中国的烹饪美食中主要就是卤鹅、盐水鹅、白切鹅和烧鹅。其中烧鹅在北方地区的做法接近于烧鸡，即用一锅老的卤汤水来炖煮鹅，炖煮到一定程度以后上炉烤一下，这样做出的烧鹅非常鲜美，味道接近于德州扒鸡，但是它的肉比鸡肉更紧实，分量也更沉。

这种做法传统、地道，维系了几百年都没有走味，所以，它在很多地方就代表了家乡的味道，代表了小时候的味道。

继续往南走，我们首先可以遇到的是盐水鹅，它在扬州地区以及苏北、鲁南都有。制作盐水鹅的主要是一些回族同胞。他们制作盐水鹅很讲究，首先是选鹅，他们选的大部分是灰鹅，因为灰鹅的体重有十几斤；其次是用一种特殊的调料将鹅卤制以后晾干，再蘸着这个卤水来吃。此外，在下锅之前还要用盐稍微腌制一下，这是很需要技术的，因为盐的多少会影响盐水鹅制成后的品质。

在长江三角洲一带，鹅的主要吃法是白斩鹅，做法跟白斩鸡几乎一样。不同的是，鹅煮制的时间比鸡稍长一点，而且在煮的过程中，要数次把鹅提离热水，放入冷水当中浸泡，然后重新入锅。这样做出的鹅肉会比较鲜美。白斩鹅的吃法也是改刀以后蘸着土酱油吃，不加其他，因为只有这样才能够吃出鹅肉的鲜美。

大家在潮州的卤水食物中一定会碰到和鹅相关的食物，比如鹅掌、鹅翅、鹅肝，当然，肯定还有鹅头。潮州用来做卤鹅的鹅大部分是狮头鹅。这种鹅的头非常珍贵，所以一定要留给最受尊敬的长者来吃。而且根据潮州民间的传统，越是老的鹅头越香、越好吃，所以有人会炫耀说，"我吃过一只十龄的鹅头"。鹅头在潮汕人的饮食当中代表着尊贵、美味和独特。

在南方地区还有一种鹅的做法，它不是用狮头鹅做的，而是用灰鹅，也是一种烧鹅。南方的烧鹅实际上可以称为烤鹅，即挂炉烤鹅，就是不断地在鹅身上涂抹蜜糖或者糖色子，然后在炉膛当中烧烤，达到皮脆、肉酥的效果。在广东一带，烧鹅饭是款待亲朋好友的一道著名美食，也表达出对客人的一种尊重。

在禽类当中，鹅其实是我们了解得较少、接触得较少，但是美味的潜力非常巨大的一款禽类蛋白质来源。当我们想到用盐水鹅蘸着卤汁慢慢品尝的时候，我们就知道鹅的美味是一点一滴地透过我们的味蕾进入我们的记忆的。

罗勒酱背后凄美的爱情故事

　　罗勒在西班牙菜中是用得比较多的一种调味品，它还是用来调制海鲜的一味主要调料。可是在意大利，罗勒被做成了酱料，用来拌意大利面吃。

　　罗勒这种植物在全球都有分布，在中国，罗勒又被称为九层塔，潮汕一带称为金不换。罗勒的味道有点接近薄荷，但是比薄荷温柔得多。在中国的东南沿海一带，罗勒主要被用来做海鲜。台湾地区也创新了一道菜，并把它叫作三杯鸡，三杯鸡也是用罗勒制作的。这道菜完全颠覆了一般人对鸡肉鲜香的感觉，它呈现的是一种非常奇妙的复合味道。潮汕人用罗勒来炒薄壳（又称海瓜子）、蚶子或蚬，再配点辣椒，非常好吃。

　　很多人可能不知道罗勒酱产生在意大利有一个很凄美的

故事。在意大利早期的很多地方，男女相爱、约会并不像今天这样浪漫，比如送巧克力、鲜花之类的。那时如果要向一位女士送花，花主要是被用来做染料的，女孩用各种颜色的花染自己的丝织品或者棉织品作为嫁妆。如果送香料，主要也是为了表达对这个女孩的爱慕，希望她能够有好胃口。

当时有位小伙子花了很大力气、找了很多地方，终于找来了一把罗勒。当他准备把这捧罗勒送给自己心爱的女孩的时候，这个女孩的父亲把他挡在了门外，他只能把罗勒带回家。当时没有什么保鲜技术，罗勒用不了多久就可能枯萎，失去香味。小伙子非常焦急，他祈祷上帝能够帮他一个忙，但未能如愿。他只能痛苦地上床准备睡觉，可翻来覆去就是睡不着，脑海中一直出现着女孩的身影。这时他突然得到一个灵感，就是把罗勒熬成酱送给他的心上人。小伙子从床上跳起来，把罗勒叶熬制成了罗勒酱，然后带着这罐酱又去见他心爱的女孩。最后罗勒酱的香味感染了所有人，也包括女孩的父亲。

罗勒酱在意大利有很多包装方法，跟我们中国售卖的情况不一样。在意大利，罗勒酱是用一个类似花瓶一样的陶罐来存放的，其实这寓意着它是一个爱情信物，是送给自己心上人的。所以罗勒也好，迷迭香也好，在西方的很多爱情故事当中，都是重要的传递情感的信物。这种信物同时也是令人愉悦、令人开心的一味调料。

迷迭香是西班牙海鲜炒饭中必不可少的调味品。很多人把西班牙海鲜炒饭当成了中式炒饭，迷迭香的香味就没有办法被充分展现出来。西班牙海鲜炒饭中的饭粒是相当硬的，而且饭粒中的水分不多，这样香料就可以包裹在饭粒的外部。当你嚼着饭粒和海鲜料时，再伴随着鸡肉的味道，口感特别美妙。但是中式炒饭往往把米饭放冷后再去炒，而冷饭当中会含有煮饭时产生的一些水分，放入迷迭香以后，在温度的作用之下迷失香的味道很容易渗入米粒，结果不仅表面不香，反而会使炒饭带有一丝苦味。所以很多人没有办法把西方的香料在中式的菜肴中表现出来，这是对香料的特性缺乏了解造成的。

迷迭香被西方的传教士带入中国还不到 150 年的历史。迷迭香最早进入中国时，主要还是作为一种装饰用的香料。譬如，在广东的很多地区，端午节时使用的香包就用了一些迷迭香。到辛亥革命之后，迷迭香才被西方的厨师带入中国的餐饮，最早就是在广东、厦门、上海一带。使用迷迭香的菜肴，成为当时上海滩的一种时尚。当年上海滩有很多时尚人物，包括张爱玲笔下所描写的上海人的一些生活方式，都跟迷迭香有着千丝万缕的联系。周而复先生写的《上海的早晨》，还特别提到了一道迷迭香的汤。这些都说明迷迭香在中国的传播，以及我们对迷迭香的认知时间并不长。

在中国，我们比较熟悉的香料，在烹饪当中使用也比较多的是桂皮、八角、丁香、胡椒、花椒一类。可是在西方菜肴中，使用比较多的香料则是迷迭香、鼠尾草、罗勒一类。这是因为各地的物产不一样。比如，西方的烹饪主要选择一些比较精致的里脊肉或者大排肉，这类肉没有过多的腥气，也不需要用太多的香料来平衡味道。所以味道相对来说清淡、悠长，香气不那么霸道的香料，比如迷迭香、千里香、鼠尾草、罗勒，就变成他们主要使用的一些香料。另外，西方有很大一部分烹饪食材属于海鲜类，他们较少食用河鲜类的蛋白质，而海鲜的烹饪则比较多地使用了上述这类香料。这类香料与食材搭配，除了能够提高食材的质感，譬如肉质的紧密度，还能使其香型发生轻微的变化，这样大家就能够在复合味道当中品尝出海鲜类或者肉类食品的一些细微和神奇的变化。

所以西餐的烹调不会像中餐这么复杂，它更多追求的是比较简单、轻微的变化，而中餐的烹调是追求味道的根本转变。这些不同的变化，在不同区域、不同厨师手里，让我们能够品尝到完全不同的美味。

朗姆酒的最佳喝法

　　美洲中部的加勒比，是一个风光秀丽、物产丰富、人杰地灵的地区。虽然南北美洲的印第安人都已大量消亡，但中美洲地区仍留存着大量印第安人的文化历史遗迹，像玛雅文化遗迹、太阳金字塔等。

　　中美洲同样也是一片非常神奇的大陆，它是世界饮食中一个必不可少的原材料的原产地，这就是辣椒。全球的辣椒种类最多的地方在墨西哥，全球最辣和最甜的辣椒也在墨西哥。所以墨西哥的美食在全球是数一数二的，而且也是最早被联合国教科文组织列为世界非物质文化遗产名录的项目之一。

　　墨西哥的饮食和全球其他饮食有很多不一样的地方。墨西哥饮食中最著名的一部分就是把各种各样动物的肉做成肉酱，混合着墨西哥特有的豆类（从青豆、红豆、黑豆一直到白豆），做成一款拌有墨西哥香料的墨西哥米饭，然后一起卷在玉米饼中吃。这就是墨西哥餐。墨西哥餐也提供各种各样的瓜，比如冬瓜、南瓜煮成的汤，这种搭配营养丰富，热量极高，而且也是各种膳食纤维与微量元素最丰富的组合。

墨西哥餐中所加入的调料远不止这些，还有柠檬草、野姜、霸王花等。所以墨西哥饮食既极具地方特色，又广泛应用了大地贡献给人们的丰富食物作为作料，因此不愧为一道丰盛的美食。墨西哥餐是一组套餐，包括其中所搭配的各种各样的辣椒酱（有青的、红的，还有黄的）。这些辣椒酱都可以调得非常香，同时也可以把墨西哥餐中的玉米饼炸得很脆，用这个饼蘸着肉酱、豆泥酱、辣椒酱和饭一起吃，味道无与伦比。

在享用墨西哥餐的时候，人们一般都要上一瓶龙舌兰酒。墨西哥人很早就发现，仙人柱、仙人掌给他们带来了非常多的食物来源，除了它们的花可以用来煮汤，新鲜的果还可以当水果吃，果肉可以用沙拉酱拌出非常好吃的沙拉。龙舌兰酒也是建立在这些植物基础上的一款非常独特的酒。龙舌兰是什么呢？龙舌兰是长在类似仙人掌上面的一种果实，墨西哥人拿这种果实酿酒，蒸馏以后，得到的就是龙舌兰酒，也叫龙舌兰白兰地。这款酒所用的龙舌兰果有的很甜，有的不那么甜，但都含有大量的糖分，所以非常容易发酵制成酒。

喝龙舌兰酒很独特：要把柠檬草碾碎以后撒上盐，舔一点柠檬草盐，喝一口龙舌兰酒，美味无比。龙舌兰酒有各式各样的喝法，但最常见的有两种，一种是用杯子装小半杯龙舌兰酒，在捏杯子的手的虎口处放上一点柠檬草盐，然后用舌头舔一点，喝一口龙舌兰酒，这样能够喝出龙舌兰酒的最佳味道。还有另一种喝法：先在一个盛水的容器中把用来装龙舌兰酒的玻璃杯杯口沾湿，然后将杯口放入柠檬草盐的盐堆里，让杯口沾满柠檬草盐，再把酒倒入玻璃杯中。喝的时候，顺着杯口喝一圈，每一口都会混合上一点柠檬草盐的味道。

龙舌兰酒出现在墨西哥的很多酒吧、餐厅和家庭聚会中，它是墨西哥人引以为豪的饮品，还是使整个聚餐的氛围热闹非凡，烘托深厚友情的一个重要媒介。

除了龙舌兰酒，在中美洲地区还有一款当地饮食文化中非常有代表性的酒，这就是朗姆酒。朗姆酒是一种用榨甘蔗后的废液酿制的酒，也是目前高度数白酒中很有特色的一款酒。它可以根据酿制时甘蔗废液来源的不同（比如青甘蔗、紫甘蔗、黄甘蔗），以及装桶、储存、提纯过程的不同，分为白朗姆酒、黑朗姆酒和金朗姆酒。朗姆酒清口、醇厚，而且在调制鸡尾酒时，方便和其他酒类、果汁或饮料勾兑出非常可口的混合饮料。今天全球的任何一个酒吧都不能缺少朗姆酒，所以朗姆酒也是中美洲给全球饮食文化做出的一个重要贡献。

一般人在和喝朗姆酒时会加入冰块，但是朗姆酒最好喝的方法是用来兑可乐，即用七分可乐配三分朗姆酒。比如，可乐配黑朗姆酒最好，再加些冰块，可以喝出非常愉悦的感觉。

除了朗姆酒，美洲地区也是目前全世界咖啡的主产区。我们熟知的蓝山、哥伦比亚、山度士、牙买加和巴拿马咖啡都产自这个地区。咖啡本来不是美洲的物种，殖民者为利益所驱，从非洲将咖啡引入南美洲。但是南美洲地区的土壤条件跟非洲地区有很大不同，南美洲的高原地区主要由火山灰构成，土壤当中含有大量的有机质，而且呈酸性。在这种环境中种出来的咖啡，不管在香味、苦味、涩味还是酸味方面都平衡得非常好，而且层次感非常丰富，所以南美洲的咖啡非常适合冲泡纯咖啡，也就是黑咖啡，不加任何其他东西。南美洲的咖啡主要生长在高原地区，整个生长周期比亚洲、非洲的咖啡都要长，所以它的脂类物质特别丰富。这些脂类物质构成了咖啡果主要的香味来源，所以咖啡也是这一地区给全世界餐饮文化带来的另一块瑰宝。

吃什么，决定了你的体味

　　人类的感觉器官当中，最容易被人忽视的就是嗅觉器官，而嗅觉到达神经中枢的通路是最短，也是最灵敏的。因此，我们在日常生活中很容易接触香料，比如我们走过一片草地，也许就会发现薄荷、迷迭香、鼠尾草等，因为这些香料非常容易引起人的注意。嗅觉除了可以用来觅食，还有另一个很重要的功能——寻找配偶。

　　人的身体中都存在着一种特有的体味，中国的先贤及老中医会把这种特有的体味称为窝味（窝里的味道）。也就是说，每个家族身上的味道是不一样的，早期人们经常会利用嗅觉来辨别是不是同道或自家人，那窝味是怎么来的呢？现代科学告诉我们，这是因为我们大汗腺所分泌的一些物质被身上特有的细菌感染，极端一点就是腋臭，而更多的气味是可以让你感到愉快、安静、舒适的味道，这类味道跟我们吃的食物、香料有关。尤其是在西南少数民族地区，因为每个民族所食用的香料不一样，他们身上的味道就很不一样。傣族有一本小说讲过这么一段爱情故事：一个女生爱上了一个男生，她非常喜欢这个男生身上的味道，就跟这个男生说，就算我眼睛瞎了，我闻着味道也能找到你。这也说明嗅觉在我们日常生活中不但可以帮助觅食，还有寻找配偶的功能，随之也演绎出一段非常感人的爱的表达。

当一个南方人去北方的时候，会非常容易理解北方饮食中关于"香"的描述。北方人把猪肉叫香肉，而且北方人会请你吃肘花，会请你吃各种各样能够表现出香这种味道的食物，例如烤肉、烤鸭、馕饼。但是当一个北方人初到南方时，还是很难理解什么是"鲜"，南方人都讲"那个味道真鲜啊"。为什么会有这样的差别呢？"鲜"其实是一种复合味道，鲜和香也不太一样。香可以由嗅觉和味觉共同去体验，闻到香，吃得也香。但南方的"鲜"，可以让嗅觉和味觉严重分离。比如，很多北方人就不懂为什么臭豆腐闻着很臭但吃得很香，也不太能理解为什么榴梿那么臭，吃起来却那么香。这个背后都是一个字——鲜。

直到100多年前，日本科学家池田菊苗发现构成鲜的主要成分是谷氨酸钠。谷氨酸是一种酸性氨基酸，它在食材中含量的多少可以决定这个食材的鲜美程度。比如我们讲的海鲜、山珍、蘑菇和笋，这些很鲜的食物中都是因为这种氨基酸的含量高，而这种氨基酸的主要构成就是谷氨酸。谷氨酸和钠结合到一起，是构成鲜的一个重要来源。

　　讲得再深一点，谷氨酸钠并不是光对味蕾刺激那么简单，它其实是使味蕾通过神经向大脑发出的脉冲电源频率加快的一种化学物质。所以有很多人吃不惯味精，吃了以后会觉得口渴，口腔发黏，这种感觉其实是神经脉冲加快以后的一个表现。还有很多化学类的增鲜剂、增香剂，大概都有这样的问题。所以如果不是很奢侈，我们还是应该追求原汁原味，自然的食材、自然的香型、自然的鲜味才是最美的味道。

章 五

四·季

人间滋味

在自然的安排下安身立命

地法天，天法道，道法自然。

如果我们在自然环境中拥有一种自然的心态，并且能够随心所欲地跟着自然的节奏来延伸自己的生命轨迹，这就是所谓的和自然合为一体。自然，除了有我们所能看到的绿水青山的自然环境，也包括在人群聚集的地方有各式各样的社会形态。这些社会形态随着我们的社会在演进过程中构建起的农耕、游牧、工商等社会结构，也设置了各自不同的节日，形成了各种不同的文化节点。我们能够顺应这种自然社会的安排，与我们的外部环境同步。在同步的过程中，我们享受着季节变化带来的各种美妙，享受着各种社会节日变化带来的愉悦与喜庆。随着这种自然的变化、社会形态的变化，你在其中可以随意徜徉，你会发现自己在享受着自然与社会提供给你的生活方式。

　　这种归依于大地、归依于人群的感受最为踏实，也是一种最自然的状态，而这种状态让我们有了不同的节奏感。比如，有的人可以非常有力量，有的人适应性和协调性极好。如果一个人的生命节奏跟他所处的环境节奏能够契合，那么无论生活起居还是饮食男女，他达到的都是最自然，也是最符合规律的一种状态。事实上，通过享受美味饮食，我们获取的是自然的节奏感。

一碗年夜饭，催我回故乡

中国人的文明史是从农耕社会开始的，农耕社会的一个重要标志就是对节气的重视。因为有了节气，我们知道什么时候应该播种，什么时候需要施肥，什么时候可以收获。而且通过这个坐标，我们知道各种农作物在什么时候进行培育为最佳，又在什么时候丰收为最佳。围绕这种历法展开的就是"太阳历"（阳历）。当然，我们也发现，游牧民族使用的就不是"太阳历"，而是"月亮历"（阴历）。比如信仰伊斯兰教的地方，他们主要就是通过月亮来辨别方向和月份的。

节气对农耕社会的重要性要如何去表达呢？先民们为我们设计出了一套非常好记的农耕节日，既可以庆祝节气，还能将这种节气跟自己的农耕、劳作结合起来。

首先就是春节。春是一年的开始，也是农耕社会中最重

一碗年夜飯催我回故鄉

要的一个节气。在这个节气，我们会播种，会耕田，会管理各种各
样的水务。在中国的历史长河中，"大禹治水"是非常有名的历史故
事，这个故事是在告诉我们，我们的国家是如何从部落走向中央集
权的管理制度的。我们也可以窥见，农耕社会是一个需要很多人齐
心合力才能够解决问题的社会，这些问题包括兴修水利、耕作、播
种和收获。因此，春节的一个很重要的意义就是把人聚在一起，让
大家知道家族、集体的重要性和互相合作尊重的重要性。每个人参
与到春节的喜气活动中，都是为了能够在活动中感受到大家在一起
的温暖。

据此，我们也可以发现，年夜饭是围绕这个氛围来安排的。年
夜饭的背后透露出的潜台词是非常重要的四句话：第一句是"阖家
欢乐"，"阖"是关起门来一起欢乐；第二句是"年年有余"，大家
辛勤劳动后，要能在完成一年的收获、分配后还有节余，这个节余
很重要；第三句是"儿孙满堂"，因为农耕社会的主要动力就是我
们的肌肉，劳动力越多，一个家庭才越有生机勃勃的力量来应对劳
作和丰收；第四句是"喜庆有余"，就是说大家围坐在一起的时候，
能够互相传递喜庆的愿望，分享喜庆的氛围。春节的餐桌，从南到
北，由西向东，都有一些共同点：第一是有鱼，第二是有酒，第三
是有鸡，第四是有肉。可能做法有许多种，东西南北各不相同，但
这几种食材是一定要有的。

北方的春节尽管非常强调要包饺子，但同时它也一定会有一些

菜肴来配这个饺子宴，包括鱼、肉和鸡，酒更不能少。这些食材暗示着在年夜饭中，每个人都要分享彼此的喜悦，承担各自的责任，以及表达大家要鼓足干劲去完成新一年的生产任务的愿景。我们从中可以发现，各个地区年夜饭的特色主要有三个基础：第一是物产基础，第二是文化基础，第三是社会基础。

我们以广东为例来讲一讲年夜饭。广东其实是保有中原文化传统最好的地区，很多在中原地区都已经失传的文化在广东依然有。在年夜饭当中，盆菜就是一个典型代表。这种现象跟广东的物产有关。广东不但是一个物产极其丰富的地区，而且经济相对发达，经济发达就会影响到这个地方的社会关系。

改革开放 40 多年来，外来人口在广东的常住人口中所占的比重是相当大的。广东文化的包容性，使得在他们的年夜饭中所要表现的春节氛围的手段也变得多种多样。广东本来就是一个注重传统、强调家庭观念的地区，所以广东人都会惦记着年夜饭。加上广东也是全国保存家族祠堂最多的地区，所以这个地区的族谱也非常完整。

广东人在做年夜饭的时候，除了我们前面讲的鱼、肉、鸡、酒，还特别注重在做这些菜肴的时候对老年人的尊重。广东人在做鱼的时候，特别强调鱼头要给谁吃。当然鱼的做法多种多样，但是鱼头一定要给最尊重的长者吃。假如有鸡端上了餐桌，那么鸡头、鸡爪是给小孩子吃的，鸡肉出于尊重是要给老年人吃的。再比如，广东有一种酒叫作鸡子酒，这种酒是客家人和广东本土人都会喝的酒。广东人会把这种酿制好的酒，经过加温再发酵，变成广东人习惯说的"敬老酒"。也就是说，他们认为这种酒对老年人有温补作用，能够让他们延年益寿。在广东的年夜饭中，用这碗酒炖的鸡，是专门用来孝敬老年人的。年轻人要按照辈分去给老年人敬酒，敬酒的目的也不是让长辈喝醉，而是出于尊敬。吃饭前要做什么，吃饭后要做什么，这些方面广东人都非常有讲究。可以说，一顿年夜饭表现出了老年人、有经验的人在农耕社会中的权威地位。因为农耕社会是经验社会，在气候、气象、收成，以及应对各种灾害等方面，年龄越大的老年人经历得越多，经验也就越丰富。老年人是农耕社会最宝贵的财富，所以，在广东人的年夜饭中，无论菜肴怎么烹饪，酒怎么喝，尊敬老年人都是不变的主题。

广东人的年夜饭当然也少不了汤，汤是广东人年夜饭的魂。北方人有句话说，"唱戏的腔，厨师的汤"，相传一个广东的媳妇或家庭主妇如果不会煲汤，那就不仅仅是耻辱的问题，很可能根本过不了门。

广东的汤有个非常重要的特色，就是食药同源。汤里所使用的食材其实都是药材，比如霸王花、陈皮、豆蔻、甘草等，种类非常多。当然他们在年夜饭中所喝的汤，跟平常喝的食药同源的汤就不一定有关。因为广东人的文化传统比较喜欢讨彩头，也就是所谓的"口彩"。比如广东人做生意的人多，他们就不太愿意把雨伞说成伞，更愿意把它说成"遮"，因为"伞"跟"散"在广东话中读音相近，意味着散伙。那么他们怎么讨彩头呢？广东人煲汤更愿意用发菜，因为广东话中"发菜"与"发财"同音；他们也很愿意用红白萝卜或者青红萝卜来煲汤，因为这些都代表着丰富多彩的意思。

所以说广东人煲的汤，美味是一方面，另一方面，能够说出这个汤的彩头，对一个主妇来说才是更重要的。在广东，每个能干的主妇都可以想出一种讨彩头的好汤来，大家喝了这个汤，就算欢天喜地地把年夜饭吃完了。

元宵节，属于女性的节日

在农耕社会，各种各样的节气其实就预示着人们在一年的不同阶段要做什么事情。如此循环往复，年复一年。从春节到元宵节，可能其中涵盖着立春这个节气，也可能没有包含，但无论怎样，从立春前后一直到元宵节，都是农闲的季节，人们通常在这段时间休养生息，享受一年收获的成果，联络彼此之间的感情，也共同组织开年后的生产。所以，在元宵节这个节日中，大家是要团聚在一起的。元宵节结束，意味着一年中农闲时节的悠然与快乐即将结束，大家又要投入繁忙的农作了。这个时候，人们便会用各种各样的方式来回顾农闲以及整个春节期间的喜庆场面。

讲到元宵节的饮食，大家最熟悉的就是吃元宵。但是在南北方，元宵指的并非同一种东西。北方元宵的馅料相对比较固定。在芝麻还没有在农耕社会普遍盛行的时候，北方元宵的馅料主要是五仁，即核桃仁、枣仁和各种各样的豆类。果仁的加入，既是为了满足味觉的需要，也寓意着一年的播种顺顺利利。北方人把五仁馅料包裹在糯米的水磨粉当中，南方人则大部分是将这些馅料放在非常细致的糯米干粉中滚动，变成一个个汤圆。[①]

这种南北差异也表现在南北不同族群对元宵的态度上面。元宵节这个节日，在北方普遍被认为是女性的节日，因此这个节日在传统上更多地和女红有关，比如妇女之间交流自己的作品、持家的心得等。而南方的元宵节则是想表达家族的人丁兴旺。因为这个节日一过，壮劳力们即将去农田劳作、出海捕鱼、上山采集药材或者砍伐柴火，所以这也是一种送别仪式。

农耕社会的元宵节其实很注重吃，讲究以吃会友。但在农耕社会逐渐向现代城市社会变迁的过程中，我们会发现元宵节还增添了很多其他形式的内容，比如灯会、猜谜以及各种游园会。

如果我们把眼光放到更北边一点，比如在游牧民族地区，元宵节期间其实是产羔的重要季节。羊、牛、马和骆驼在这个时候都要生产，这是牧民最忙的时候。这个季节因为产羔崽，奶制品也随之多了起来，所以游牧民族在过元宵节时，比如蒙古族、满族以及党

---

① 在对米、面加工了解方面，南北方的确存在差异，比如北京有驴打滚，而南方没有。但经过长时间的人口流动以及生活方式的交流影响，目前，南北方均有滚和包两种做法。

项族（古代北方少数民族之一）等民族，一般就会吃奶疙瘩或者奶渣庆祝。如果我们将目光望向更南边的地方，那些将要出海捕鱼的南方渔民，则更多的是会喝一碗酒，配一点鱼干（也就是鲞），吃着元宵，然后出门捕鱼。

过完元宵节，就进入了繁忙的农耕季节了。惊蛰以后，就是我们所谓的"九九加一九，耕牛遍地走"了。随着耕地、播种、维护田间劳作的开展，南方也迎来了最早的一批收获——茶。自南向北，普洱、乌龙、龙井、碧螺春都差不多在清明节前后开始采摘制作了。清明节前后是茶农们最喜庆的一个节气。

在各种各样的茶叶当中，以清明节为界限来界定茶叶品质的一个标杆性产品就是杭州的龙井茶。清明节前的龙井茶当然是非常珍贵的，这种龙井还有个更有名的地理标签，那就是西湖龙井茶。现在我们能够接触到的龙井茶，有西湖龙井、钱塘龙井、浙江龙井，理论上而言只要用龙井茶的方式来培育、制作的，我们都称为龙井茶。龙井茶是茶叶当中的一个类别，它是一种不发酵的脱水茶，采摘以后，将它杀青，再用炉火炒干。这种茶保有最纯正的茶叶的味道，也就是茶碱、茶多酚的味道，是江南一带人们非常喜爱的一种茶。也因为它是脱水茶，要还原它的茶味就不得不用好的泉水。因此，杭州人喝茶都会讲究狮峰龙井要配虎跑泉的水。可见，这种茶叶对于水的要求是很高的。

喜欢饮用龙井茶的人也代表着一种特有的性格，即江南性格。

我们前文常说，一样米养百样人，一方水土就养一方人。如果我们用龙井茶来做比喻，那么这一方水土是养怎样的人呢？我觉得，龙井茶代表着江南女性的特有气质。只要喝过龙井茶的人都知道，龙井茶有三个特点：第一，矜贵，没有好水不出味，没有好的虎跑泉泉水、好的喜雨泉泉水，龙井茶是出不来最好的味道的；第二，薄情，水泡三遍，龙井茶就没有味了，这也代表着江南人不是一个情感很深重的族群；第三，难伺候，龙井茶非常难保管，如果不把它放在密闭的容器中避光、吸潮，它很容易就走味了。这就是龙井茶的"江南性格"。

粽子的诞生竟是因为没有冰箱

　　在中国传统文化当中，清明处在犁田、播种、农田管理到收获的中间，这个节气也是我们告慰祖先、祭拜先人的时候。很多人会在清明节去扫墓，组织各种各样纪念先人的活动，这些活动中也一样渗透着饮食文化。

　　当然，清明节的饮食不是以酒菜为主，而是以各种各样的糕团和茶叶为主。在南方，这种糕团种类繁多，从潮汕地区的清明粿一直到长江流域的各种清明团子、松花糕和薄荷糕，不管是哪一种，都是表达对先人的尊敬和对生命的敬重。北方主要用的则是绿豆糕、豌豆黄、奶饽饽等糕团。糕团类的食品，在我们的饮食习惯中其实占有很重要的位置。

　　除了糕团，沿海地区还习惯在清明时节把各种各样的杂粮做成麻糍，比如用地瓜、番薯，甚至用金刚刺一类可食用的药材来制作。所以从一定程度上说，糕团也反映出农耕社会的先民们，在这样一个青黄不接的季节，如何用这种饮食方法最大限度地调动起各种各样的杂粮、野果的功能。

举个例子，在浙江中部和西部有一种黄色的果子，当地人称之为"榉子"。在清明时节，浙江人一般都会用这种榉子做出榉子粿子、榉子年糕、榉子豆腐。除了自己食用、馈赠亲友和祭拜祖先，这种食物其实也表现出了农耕社会人们的智慧，即先民如何用平常并不能做主食的食材掺入主食当中，来度过青黄不接的关口。

在整个清明节中，南方人会使用很多杂类物种来制作各种食物，比如用乔木、灌木的叶子制成清明团子。一般人以为，清明团子是用艾草一类的植物做的，其实不是，只要能将主食染色，并且能增加香味的植物都可以加入，比如马齿苋、菠菜、苦菊等植物都可以用来做清明团子。

在北方，用来做这类主食的材料主要是槐花。槐树在中国有两种：一种是本槐，它的花可以入食；还有一种是洋槐，它的花不能入食。槐花除了可以做成槐花面、槐花饺子，北方人也拿它入菜，比如槐花炒鸡蛋、槐花蛤蜊汤等。

在清明节，除了吃各种各样的团子、杂食，还有一个很重要的项目就是喝茶。我们前面讲过龙井茶，其实在这个时节还有很多其他茶叶也会陆续上市，像黄山的毛峰、安徽六安的瓜片、武夷山地区所产的各种各样的乌龙茶，还有云南产的普洱、湖南产的黑茶，它们都会逐渐进入人们的饮食范围。在整个清明时节，人们就是通过这种饮食方式感受自然，与自然对话的。

清明节过后不久，就迎来了端午节。端午这个时节，在北方正好是即将麦收的季节，非常繁忙；在南方则是水稻收获前的季节，相对空闲。所以这时在南北方所表现出来的饮食习惯是不太相同的。

端午节要吃粽子，这个习惯在南北方几乎一样，只不过北方粽子的形状跟南方的不太一样。南方习惯用长粽的方式来表现自己对这个节气的重视，因为粽子在农耕社会早期主要用来表现自己有能力储存粮食，并且有能力把这些储存的粮食坚持到下一季粮食上市的时候。现在很多人会把粽子跟屈原投汨罗江联系在一起，这当然是一个民间故事，因为粽子早在屈原投汨罗江之前就已存在。

我们现在有很好的方法可以储存粮食，但我们的先人没有这样的条件，所以他们会用一些有抗腐能力的植物液体来浸泡糯米，比如凌霄花的液体，然后裹成粽子，为的是用另一种方式保存好糯米。再比如，他们会用乌饭树叶的汁来浸泡糯米做成乌粽子。这些方法都是我们的先人想方设法把好不容易收获来的粮食保存起来的一种尝试，慢慢地就变成了一种庆贺我们获得食物、储存食物的纪念方式。

随着端午节的到来，我们也进入一年当中最炎热的季节。古人认为，炎热的季节是邪气、瘴气泛滥的日子，人的身体容易中邪，容易中毒，所以要用各种各样的方法袪除这些毒和邪。所以在端午节的时候，中国各地都有赛龙舟的习俗，很多地方的人还会食用一种龙舟饭，但南北方不太一样。

南方的龙舟饭考究一点，会采用各种各样的珍贵食材，比如用咸肉、鲜肉、干贝、虾米和糯米和在一起做成大锅饭。这个饭除了能使龙舟健儿增加体力，夺取胜利，还能让观赏龙舟赛的人也能一起分享。北方的龙舟饭，用的是新上市的黑麦做成的馒头，这能让龙舟健儿增加体能，夺得冠军。除了赛龙舟，在长江流域也有一些特殊的纪念端午节的饮食习惯，比如当地人强调要吃"五黄"，以此来辟邪。五黄就是指黄鱼、黄鳝、黄瓜、黄豆芽，有些地方还加上雄黄酒。讲究的地方还要吃"五黄加一白"，即除了上述"五黄"再加一个白肉。

总之，人们真的是想尽各种各样的方法来享用一顿美食盛宴。这样的民俗活动、饮食习惯也构成了我们独有的风俗、独有的祭祀、独有的民族特性，同时促成了端午节成为一个一年当中饮食最丰富多彩的节日。

忙归忙，别忘六月黄

节肢动物在我们日常饮食或者高档的海鲜饮食中都占据着很重要的地位。大家在旅游的时候会发现，很多著名的海鲜小馆或者高档的鲜味中餐馆，都有一个螃蟹的造型摆件或者龙虾的造型摆件。

有研究证实，如果我们从生物起源的角度来看，节肢动物起源于古海洋中的一种古生物——古海蝎子，那是一种巨蝎。随着不断进化，蝎子的尾部慢慢地就演化成为我们今天所吃的虾的那一部分，即最主要的肌肉部分，也是虾储存能量、躲避天敌的关键部位。

蝎子的尾部收到腹中以后，就慢慢地演变成了我们今天的螃蟹。螃蟹的腹盖就是由蝎子的尾部慢慢进化收缩而成的。也有一些蝎子在进化过程中就部分地停止了，譬如产自马来西亚的椰子蟹，它因吃椰子树上的椰子而得名，它的尾部就没有完全收进去。

我们可以发现陆地上还有两种我们可以吃的蝎子：一种是十足的，也就是说它有四对足和两个螯，一共八条腿，它也被称为全虫；另一种是三对足的，也有两个螯，这种就叫作蝎子。

后一种蝎子的分布范围很广，从热带一直到寒带均有分布，除了入药，很多地方吃炸蝎子以获取蛋白质。之前我们也介绍过，在美洲、亚洲、非洲的很多地方还有人吃蜘蛛，这里我们就不再单独展开了。

蟹的分类有很多，从体重能够达到一两千克的大型蟹，一直到只有几克的小型蟹。譬如，最大的雪蟹伸展开的前足拉直的话几乎可以达到一米，体重最大的可以达到 5 000 克左右。再比如，生长在中国沿海滩涂上的一种小蟹，当地人把它叫作螃蜞，其实它是生活在淡水与咸水交界处的一种寄生蟹。

雪蟹可以拿来制作大菜，包括蒸、煮、烹，或者跟其他食材混合烹饪都是可以的。但是螃蜞，尤其是在苏北的沿海，当地人把它做成了螃蜞豆腐。螃蜞豆腐怎么做呢？把小螃蜞洗干净以后，用纱布过滤，流出来的汁水上笼屉蒸，凝固以后就是非常鲜美的螃蜞豆腐。

还有一种江上的螃蟹叫作方蟹，这类螃蟹主要生活在闽江、珠江和瓯江流域。加工方蟹的方法一般是先腌制，得到鲜美的汁水，然后蘸着菜肴或者鸡肉吃。当地人把这种螃蟹汁叫作江鲜汁。

大螃蟹有大螃蟹的做法，小螃蟹有小螃蟹的做法。大螃蟹中有梭子蟹、青蟹中的膏蟹。各地对这些蟹也有不同的叫法，比如温州就把梭子蟹叫作蟳蚜。跟梭子蟹有关的还有花蟹（也称锈斑蟹），这也是一道著名的潮州美食——冻花蟹的主要食材。冻花蟹的制作方法非常简单，首先把它捆好，上笼屉蒸，蒸完以后摆在冰中冰凉，让它的肌肉更加紧实，在风中吹一下，然后再斩件上桌，花蟹的蟹味非常鲜美。

另有一种膏蟹只产自珠江口附近，它就是黄油蟹。这种蟹的卵巢非常发达，所以被人误认为是黄油充满了整个蟹。黄油蟹是一种被发现不久的美食，因为它的蟹黄非常美味，所以大家趋之若鹜。可是这种蟹在制作过程中有一个很麻烦的地方，就是它的六肢加上螯很容易脱落，脱落后肢汁类的物质会流出，降低它的新鲜与美味。

广东的厨师非常厉害，用黄酒加上冰块先把它冻死（其实是冻昏），然后再上笼屉蒸，那样得到的蟹肉和蟹黄既有原来的美味，又带有一丝酒香。这种被黄酒和冰块浸泡过的黄油蟹还曾获得过中国香港的美食金奖。

最为国人所熟悉的螃蟹还是中华绒螯蟹，就是我们之前讲的大闸蟹。这种蟹大概只在东北亚地区有人吃，全球其他地方都不食用这种螃蟹，有些从中国偷渡到欧洲的中华绒螯蟹，因为没有天敌，

在当地大量繁殖，甚至造成了灾害。

大闸蟹在中国是一个美味的标志，每年秋风初起，大家一定想到的是大闸蟹如何配着黄酒来庆贺一年中秋季的到来。秋季除了是收获的季节，也是一个惆怅和思念的季节，所以我们需要中秋团圆，需要重阳登高，也需要有大闸蟹配着黄酒来慰藉我们惆怅的内心。

在今天的中国，出于经济的考量，原来不曾有大闸蟹的地方，现在通过人工投苗和放养也都有了，比如内陆最远的新疆地区都出产大闸蟹。所谓大闸蟹是因为它在产卵的时候会不顾一切地奔向海边，甚至爬上了水闸，故名大闸蟹。现在内陆人工养殖的大闸蟹已经没有这种向海洋洄游的生理本能了。

内蒙古的乌梁素海和新疆的若干个高山冷水湖中都产螃蟹，在四川、甘肃等地区也养殖大闸蟹，所以今天我们讲在秋季掰着蟹脚、喝着黄酒的场景不仅仅在南方有，中国的全国各地都有，可见它经济价值之高。

大闸蟹有很多种吃法，最经典的吃法是将它蒸熟，然后蘸着姜末和醋（最好是镇江陈醋），再配上一些绍兴酒，这种吃法最能够吃出大闸蟹的美味。大闸蟹吃得讲究的地方，几月吃雌蟹、几月吃雄蟹都是很严格的，实际这和雄雌蟹不同的成熟期有关。

现在很多饕客更愿意吃六月黄，这是在最后一次脱壳后形成的一种软壳蟹。江南很多地方都吃六月黄，这也代表着中国人对吃的一种文化认知。所以很多人把敢于尝试新鲜事物的人叫作"第一个敢吃螃蟹的人"，不畏惧外形所带来的恐惧，而能够发掘出它内在的鲜美，从而变成衡量一个人眼光和能力的标准。

月饼美酒度中秋

在传统的农耕文化中，中秋节是一个非常重要的节日。一方面是因为到了这个季节天气转凉，秋收马上就要开始，这就意味着储存的日子马上就要来到。另一方面，中秋也意味着我们挨过了酷暑，迎来了凉爽的季节，很多人可以抒发心中的惆怅和人文情怀。所以一到这个时节，就出现了很多独上西楼赏月、邀月的文化活动。可以说，中秋是我们在农耕社会中，完成播种、耕耘和收获这个漫长过程的一个时节。

中秋节大家比较熟悉的是要吃月饼。月饼在中国的南北方有很大差别，从尺寸到制作月饼的馅料，再到制作月饼的整个过程都有很大差异。我们现在受南方广式月饼的影响很大，所以各地的月饼制作主要还是采用广东月饼的制作工艺，用莲蓉、蛋黄、五仁来制作。其实在长江三角洲地区有一种月饼的制作方式非常经典，那就是苏式月饼。它的制作方法是把月饼皮做成酥皮，馅料当中有咸有甜，有火腿仁，也有玫瑰料，非常丰富，也非常美味。但现在随着大众口味的改变，大家普遍能接受的都是广式月饼的风味。月饼除了作为一种中秋符号，还作为一种大家联络感情、思念怀旧的情感寄托。大家会把月饼当作礼物、当作手信，送给自己的亲朋好友。

中秋节可以说代表了人们的情怀由外向内的一个转移。为什么呢？因为在酷暑时节，人们为了在劳作之后有收获，都在默默地付出。随着气温的降低，秋风、秋雨如约而至，我们慢慢地把自己的情怀由外向内收敛了。

"愁"这个字是"秋"字下加个"心"字，秋风、秋雨，加上一颗秋天的心，就带来了人们对自己的反思，对自己的内省。在这个过程当中，伴随着中秋节的月饼，我们还迎来了这个时节必不可少的饮品——酒。

在中国的文化长河当中，出现了很多对情景、对心态、对心境描述得非常优美的诗词作品，这些作品基本上都有中秋节的背景。可见，中秋节是一个可以产生优秀作品的时节。

在南方地区过中秋，人们大概不太会理解古人所谓中秋"广寒"的意境，而这种空旷、寒冷的意境，北方人是很容易理解的。在广寒的氛围中，品尝一款美味的中秋月饼，再加一杯中秋美酒，的确可以给人带来无限的怀念、追思以及向往等复杂的情感。所以，中秋的情感离不开饮食，饮就是酒，食就是月饼。南方人如果真的要感受这种广寒的意境，并且在广寒的意境之下理解、品味月饼的美味和美酒的醇厚，我觉得可以在农历九月十五重过一次中秋。

月饼文化与农耕社会有着密切关系。农耕社会是很讲究大家在一起共同劳动的一种社会形态，所以团圆永远是各种节日的重要主题。中秋节大家聚在一起分享月饼，就是团圆的一个重要标志。要营造这个团圆氛围，月饼就成了必不可少的中秋记忆了。

可是月饼的口味在大江南北、长城内外非常不同，月饼有甜有咸，甚至还有一些非常独特的口味。比如现在很多人都熟悉的长江三角洲地区的榨菜鲜肉月饼，它出现的时间很短，大约就在30年前，它是为了迎合大家平时消费的口味而进行的一种创新。在温州、福州、泉州一带，这种月饼做得很大，看起来是酥饼，里面有一层层的各种内容物，大的可以达到2斤，甚至10斤，小的也有1斤左右。做这么大其实是为了强调这个月饼是为很多人制作的，不管是家庭成员还是家族成员，大家分享这款月饼时才有团圆的喜悦。

在中秋节的苗族、瑶族等少数民族地区，他们的月饼甚至有辣味和酸味的，月饼的大小也各不相同，没有统一的规定。其实现在能够让月饼看起来上档次，而且可以让人们轻松区分月饼不同之处的，除了包装，还有就是广式月饼加入了咸鸭蛋黄。广式月饼有单黄、双黄、三黄或者四黄的区别，这让人有了一种被尊重、被敬重的感觉。其他地区的月饼完全是根据制作月饼人的想法、手法以及不同理念制作的，可以制作出不同大小、不同口味、不同面皮的月饼，千差万别，数不胜数。

雁来蕈：无法被驯化的倔强蘑菇

蘑菇会集中上市。上市的时候，往往会给销售带来很大的压力，同时，也给家庭储存带来了一个大问题，但我们的老百姓通过智慧把这些问题都一一解决了。

我们在日常接触最多的能够保存，而且能够很好还原蘑菇味道的是香菇。很早以前就有人把带有香味的，尤其是带有浓重的丙氨酸味道的香菇，晒干做成了香菇干。香菇的还原度非常好，也是各种煮汤、炖鸡、炖肉、炒菜的一个重要辅料，所以香菇被广泛地使用。

除了香菇，几乎所有种类的蘑菇都可以被制作成为蘑菇干。比如灰树花，它是一种枥蘑，寄生在枥树的腐朽的根、枝上面，也是目前已知的大型蘑菇之一。它晒干了以后就叫作灰树花。灰树花可以配鸡、鸭、鱼肉，制作成各种各样具有滋补、养生功能的炖汤。

还有像我们常常接触到的做小鸡炖蘑菇这道菜会用到的晒干的松榛。之前我们讲过，松林有三种珍贵的菌类产物，就是松榛、松茸和松露，这三种产物都不能人工培育。松榛可以晒干，吃的时候再泡发，用来制作各种菜肴。

类似的还有很多，比如猴头菇、羊肚菌，都可以晒干了以后制作成各种各样的蘑菇干。除了制作成蘑菇干，我们还可以把蘑菇制作成各种菌油。大家比较熟悉的，也经常会碰到的是两类，一类是鸡枞菌油。鸡枞菌的鲜味和香味平衡得非常好。用冬茶油熬制而成的鸡枞菌油，是拌面、炒饭、各种小炒的非常好的香味食物源，也是一种香味的油料源。

另一类是目前还没能被驯化的蘑菇，叫雁来蕈。每当大雁飞起的时候，这种蘑菇才会上市。它在整个长江流域以及云贵高原都有广泛的分布，有人把它叫作扣子菌，因为它像一个个小扣子一样；也有人叫它为灰菌，因为它大量地生长在沙石上面，所以清洗起来很麻烦。

雁来蕈的菌油是一种非常有地方特色的菌油，其中的两个特色尤其鲜明：一个是湖南常德地区的雁来蕈油，它带一点辣味；另一个是江苏溧阳地区的雁来蕈油，它不带辣味，但是带有一点点的花香。这两种菌油都是炒菜、拌面、炒饭的非常好的原材料。

同时它跟鸡枞菌油不一样，雁来蕈油当中的雁来蕈是可以直接拿出来当冷菜食用的，而且非常好吃。

其实，任何一种蘑菇都可以用来熬制菌油，越新鲜的蘑菇熬制出来的菌油越香，因为任何鲜美的蘑菇都带有非常充分的鸟氨酸和谷氨酸。其中谷氨酸是鲜味的主要来源，鸟氨酸是香味的主要来源。白蘑菇、草菇、平菇、凤尾菇、干巴菌、牛肝菌，都可以熬制出风味不同的菌油，用来制作各种可口的菜肴和点心。

熬制菌油确实为我们保存蘑菇的风味、香味和鲜味找到了一条非常有效的途径，而且扩展了蘑菇的使用范围。菌油的出现，是蘑菇作为食材的一个非常重要的里程碑。

除了蘑菇干和菌油，另外一个保存蘑菇的好方法是制成蘑菇酱。顶级蘑菇酱会用非常稀有的黑松露、白松露来制作。这种蘑菇酱的香味非常独特，可以涂抹在面包上，也可以放入凉拌面和菜肴中，是非常难得的稀有食材。

实际上，任何一种蘑菇都可以被制作成蘑菇酱。但是这里要注意一点，不能够先把蘑菇切碎或者搅碎再调制成蘑菇酱，而是应把整个蘑菇调味、烹饪，完成以后再打碎变成蘑菇酱。蘑菇酱涂抹在面包上或者夹在馒头中，都是极佳的配料，既营养，又美味，还健康。

除此之外，还可以把蘑菇制作成蘑菇辣酱、蘑菇豆瓣酱，或把蘑菇和鹅肝酱混在一起，制成风味独特的蘑菇鹅肝酱，这些也是保存新鲜蘑菇特色的烹饪方法。当然各种蘑菇所构成的鹅肝酱或者辣酱的风味是不一样的。

　　总之，现代的烹饪技术给了我们更多的选择，也带给我们保存食物特色的经验，使我们更容易通过食物的特色享受到大自然带给我们的珍贵馈赠。所以，烹饪的发展，我们对食材的理解，都使我们更加接近大自然。

名贵的秋笋

很多人都会有一个疑问，我们都听说过冬笋、春笋、夏笋，那有秋笋吗？有。

其实秋季的笋还是非常名贵的笋，但是它的分布比冬笋、春笋、夏笋的分布要小得多，它主要分布在浙南、闽南、台湾以及粤东的部分地区。

这类笋在当地被称为马蹄笋、麻笋，麻笋的个头比马蹄笋要大得多。"绿翡翠"是一种非常珍贵的秋笋品种，在秋季时，当地会特别组织一些旅游团去挖"绿翡翠"。

在稍偏北一点，譬如说在浙江的中部、江西的部分地区，以及湖南的部分地区，小一点的秋笋被称为雷笋。这种笋有一个特点，它很接近于冬笋，其笋心是实心的，但是含水量以及纤维的细腻程度要好过冬笋。所以在四季的笋当中，只有秋笋是可以用来生吃的。这里说的生吃包括不蘸任何调料地吃，当然也可以蘸着蘸水或者凉拌吃。这是秋笋一个非常重要的特点。

最近几年，随着秋笋经济价值的不断提升，用秋笋来烹饪各种菜肴的方法也层出不穷，而且在很多素菜馆，马蹄笋、麻笋都被当作非常高档的食材来进行烹饪，烹饪方法也是中西结合。

在中国台湾，制作马蹄笋时要对半破开，连着笋壳，在笋肉上面撒上一些奶酪、玫瑰盐，放到烤箱中去烤制，味道非常鲜美。还有一种做法是将马蹄笋切段以后进行简单的腌制，然后作为西餐的配菜。甚至有西班牙厨师将马蹄笋这道食材做进了西班牙的海鲜炒饭中，这也是一种美妙的结合，吃起来别有一番风味。

秋笋的产量相对于春笋、冬笋和夏笋少得多，分布的区域也小得多，物以稀为贵，所以我们几乎没有办法在市面上找到用马蹄笋、麻笋制作而成的笋干。说实在的，如果真把它制作成为笋干，也辜负了它含水量非常丰富、纤维非常细腻的质感。

马蹄笋除了在闽南地区、台湾地区入菜，做成各种小炒，最主要的做法还是用来炖笋汤。这个笋汤主要是配合土鸡来炖的，土鸡马蹄笋汤被认为是在秋天贴秋膘的美食。而且马蹄笋又被当地人赋予了种种功能，比如防止秋燥、滋润皮肤、败火清热等。因此，马蹄笋是一种产量小、获取难，而且很珍贵的食材。

在每年秋季，潮汕地区都会举办一次挖麻笋比赛，比谁的麻笋个头大、肉质好。潮汕地区的麻笋主要还是用来炖肉,比如炖猪肉,炖出来的味道接近于春季的毛笋炖肉的味道,但多了一丝甜味。潮汕人对麻笋情有独钟,而且随着这几年潮汕地区饮食文化的发展,潮汕地区的很多乡间都大量地种植了一些麻竹。

秋季的笋我们不常遇到,但是如果遇到了,千万不要错过,它会给你带来完全不一样的体验。

下面我们来介绍四种经典的马蹄笋菜肴。

在浙南的苍南县,当地盛产一种美食叫油渣。这个油渣不是我们把猪油熬出来以后剩下的油渣,它是一种腌制过的膘肉,制作出来用于下酒。

苍南人把马蹄笋切片,跟切完片的油渣一起下锅翻炒。油渣的香味渗入马蹄笋中,而马蹄笋的清口与醇香又能彰显出油渣的美味。这是苍南地区一道非常有名的待客下酒菜。这个菜的做法也会出现在稍北一点的临海、台州一带,向南在闽东以及福建一带也有这样的吃法。

第二种吃法出现在台湾地区。台湾在往年都会从新加坡、中国香港等地组织一些旅游团,专门上山去采"绿翡翠"。"绿翡翠"是马蹄笋中一种很嫩的笋,尚未钻出地面。采回的马蹄笋就在农户与土鸡炖成土鸡马蹄笋汤,这道菜的鸡汤部分非常鲜美,而且是一道时令菜。

第三种是在闽南地区,当地出产一种滩涂上的沙虫,当地人把它叫作土笋。土笋其实就是沙虫，也叫作沙蟺。把它洗干净以后，跟马蹄笋共同炖汤，是泉州、漳州一带非常有名的一道鲜美的山珍海味汤。

第四种是在潮汕地区，马蹄笋用来和腊味一起炒。这个腊味包括南板鸭、当地的腊肉，甚至有时候临时加一点腊肠。这道菜中，马蹄笋可以充分吸收各种腊味的油脂和它的香味，同时马蹄笋的脆爽又综合了这些腊味的油腻。这道菜时令性强，所以只有在秋季可以吃到。

其实我们上面讲的四种经典的马蹄笋做法，都只有在秋季才能够品尝到。

春、夏、秋、冬四季分明，四季所出产的各种笋也是特色分明。春、秋、冬三季的笋都是可以长成竹的，只有生长在夏季的鞭笋是竹根部的发育和蔓延。所以，笋给我们带来了无穷的美味，也让我们感受到了四季的变化以及造物的妙处。

新年：聚在一起吃吃吃

　　大家一定会好奇，我们农历新年的习俗是怎么来的？其实这种习俗来自农耕社会。农耕社会在春播秋收之后有一段较长的农闲期。在过去物质条件比较匮乏的年代，每一分收获都是非常珍贵的，都是让我们能够填饱肚子、愉快生活和繁衍生命的物质保证。因此，在当时的技术条件下，我们唯有将这类农副产品加工、储存，才有可能帮助我们度过来年青黄不接的日子，使我们能够有精力、有时间进行来年的农业劳动。

　　有一句谚语，"冬季补一补，春天能打虎"，讲的就是在农闲，即春节期间，如何给自己贴膘，使得春天时能够投入繁重的春耕、播种等劳作中。农耕社会就是这样，年复一年，有节奏，有秩序，温馨地向前发展。

农耕社会的收获都有一定的季节性，可是维系我们的生命却需要延长一年的时间，所以，加工这些收获物就是我们在农闲时的主要劳作。这些劳作在当时的技术条件下主要依赖腌制和酿制，同时也要吃掉一些收获，贴贴膘，让我们有足够的能量储存度过寒冷的冬季。

相较于农耕社会，游牧民族就没有那么多过年的习俗。当然也有藏历新年或者苗历新年，但它们都不具备汉族新年所具有的这些功能。因为游牧民族的收获在四季中是没有太多季节性变化的，所以他们不需要特别地储存食物、加工食物。所以，农耕社会特有的一个节日就是我们的新春佳节。

农耕社会在农闲的时候处理一年的收获，往往需要大家共同协作。举例来说，宰杀猪、羊、牛，打年糕，做各种各样的麦饼和其他淀粉类的食物，譬如粉条、米粉等，都需要共同协作才能完成。很多人聚在一起完成一年的储存，对这些人来讲就意味着"聚在一起就是一场欢喜，就是一次欢聚，就是一种快乐"。

所以，农村的欢聚在很大程度上是围绕着如何加工食物的，慢慢地就演变为现在春节的一个重要内容——团聚，共同庆贺一年的丰收、一年的喜悦。这个过程也构成了我们农耕社会农历新年重要的两个要素——聚和吃。

聚，不言而喻，是一个家族向心力、凝聚力的表现，也是一个村落或者一个族群凝聚力的象征，而吃主要是围绕这种团聚展开的。

中国地大物博，各地聚餐的形式有很大的不同，但是都营造着分享、共聚、欢欣鼓舞的氛围。这种氛围还往往伴随着庙会、社戏、舞龙、舞狮、篝火、焰火等，所以，围绕着聚和吃这两个要素的其他春节节目，构成了我们整个欢聚祥和庆丰收的主基调。

中国的农耕文明起源于黄河流域，而且是中原文化的一个重要构成部分，其中，洛阳的水席是中国农耕文明的重要代表。

洛阳的水席冷菜加热菜一共 24 道，它有 8 道冷菜小碟、8 份水盆、8 道大菜。其中，最有名的部分就是水盆部分，即所有的菜品都是在高汤中煮过或者加工过的。这个高汤主要是用猪骨加上鸡肉和一些猪皮熬制成的。

这类水席的菜品当中有三个最具特色：第一是鸡肉丸子。做鸡肉丸子不容易，把鸡肉剁成肉馅以后，要调上一些生粉，才能够聚成一个个美味的鸡肉丸子；再把鸡肉丸子在油锅中炸至定型，然后配上其他素菜和调料，共同构成水席中重要的水盆丸子。

第二，水席当中有一款用纯肥肉做成的红烧肉。这道菜先要把猪膘肉切成条，然后炸至定型后上笼蒸，去除一部分油脂，再下各种各样的作料，把它炖成五花肉形状，然后加入高汤，构成水席中的第二道非常有名的菜——水席红烧肉。

第三个有特点的菜品是用各种各样的泡菜（酸菜）加上新鲜的蔬菜，在高汤中共同炖煮的水席乱炖，非常美味。

水席一吃可以吃半天，每顿可以吃几个时辰，直到尽欢而散。

水席当中除了我们刚才介绍的利用高汤烹制的一些菜品，冷菜部分也是各种各样，像白斩鸡、各种各样的烤麸、腌菜等。大菜当中有整只的鸡、整个猪头，还有牛肉、羊肉，等等。

所以，水席其实是为了庆贺丰收。那么多的食材，就是让大家一起欢聚。目前，水席在洛阳一带已经发展成一席尊老敬老的寿宴。春节期间，水席往往由村委会组织，祝贺全村的老寿星又长了一岁，能够和大家共同欢聚又一个农历新年。所以，水席除了它的特色菜肴，也有欢聚、团聚、敬老的意义在其中。

在中国南方客家人的聚集区，他们在农历新年时会聚在一起吃一道菜，它就是我们之前说的盆菜。这种盆菜是一大盆一大盆上桌的，往往全村人都会聚在一起，或者某个家族的人聚集在池塘的周围，一起吃这道菜。

盆菜可大可小，小的有两人份的盆菜，大的有几十人份的盆菜，这种大盆菜都是用一个非常大的木盆装的。构成盆菜的主要食材有松皮、过油肉、鸡块，有些地方用的是盐焗鸡、烧猪肉和各种各样的菜心，以及萝卜、芥菜、金蚝、鲍鱼、火腿等，几乎囊括了所有能够获取到的食材。这些食材聚在一起，共同构成了一道具有丰收和喜悦意义的菜肴。

非常考究的盆菜是把各种各样的食材分开制作，然后再装盆上桌；不那么考究的盆菜就是把各种食材都放进同一个容器中，上笼屉蒸，蒸完以后大家共同分享。

盆菜当中有荤有素，有腌制食材，也有新鲜食材，它产生的复合味道令人回味无穷。腌制、腊制食材的香味和新鲜食材的鲜美、海鲜的甜鲜和山珍的鲜美，共同构成了盆菜无以复加的美味。所以，品尝盆菜的现场总是热气腾腾、欢声笑语。

品尝过盆菜的人会发现，整个村庄在吃完盆菜后，农历新年的氛围会达到高潮，舞龙、舞狮、社火、庙会甚至开祠堂祭祖都会围绕着吃盆菜而展开。

广东的很多地方在祭祖的时候，会在开祠堂的当天宣布把本族中在过去一年出生的某些或全部婴幼儿加入族谱，这也是本族人丁兴旺的一个重要象征。

盆菜用这种方式团聚了大家对家族的忠心和爱戴，也寄托了大家对家族事业兴旺的一种期许。

在中国并不是所有地方都会如此隆重地来庆祝农历新年的，有些地方有更温馨、更暖心的简单的过年食物，比如大家都非常熟悉的北方水饺。

过年吃水饺在中国主要分布在东北、华北，还有山东的胶东半岛一带。因为当年去东北的很多人都是从山东闯关东去的，所以，山东的一些习俗也就带到了东北。这个习俗其实也代表着一种对农历新年的庆祝，以及对丰收的喜悦。

我们知道有白面才可能有饺子皮，而且一定是丰收年才会有各种各样美味的饺子馅儿。饺子的制作过程也是大家围坐在一起，你擀皮，我包馅儿，那边接着煮饺子。

水饺是一种非常简单、美味的食物，而且水饺最大的功能不在于它的美味，而在于让每一个参与的人都过瘾。这种过瘾既包括聚会的过瘾，也包括品尝美食的过瘾。水饺是那种非常容易咽下的食物，而这种美味咽下时的爽快与过瘾，是其他食物无法比拟的。

煮水饺也有很多讲究，譬如把水饺煮破了，大家会说"你看撑了、撑了"，意思是"赚了"，表示来年能够发财。还有人会在水饺里包一枚铜钱或者硬币，谁吃到谁就中了头彩，表示来年会有惊喜在等着他。

水饺的品尝、制作，以及所营造的氛围，都是中国北方地区过年的年味中不可或缺的一环。

在中国的东南沿海地区，如苏北、长江入海口附近、浙江和福建等地，过年的时候都会制作年糕。当地有一种习俗，趁年糕还软的时候将年糕捏成一个面皮，然后将事先准备好的各种小海鲜、蔬菜和粉条等包裹进去，再像卷饼一样卷起来，过年时吃。这个在当地叫作嵌糕。过年的时候吃各种嵌糕，是当地过年的一种习俗，也可以烘托一种热热闹闹的气氛。

打制年糕的材料一般不会单纯用糯米，而是用糯米加上大量的晚稻米 ① 打制而成，这样做出的年糕松软且有韧劲儿。同时，当地

---

① 夏天收的稻米叫早稻米，有点硬性；秋天收的叫晚稻米，软软的，用晚稻米做年糕有韧性。

人也会在年糕中加入一些蔬菜汁，打制成各种颜色的年糕，然后再用这些年糕皮包裹上各式菜肴。

这些被包裹的菜肴种类非常多，有猪油渣、各种蔬菜、咸菜、腌菜，甚至有些地方把猪肚、猪肠，甚至肴肉也一起裹进去。有一种说法是，嵌糕裹挟的东西越多，表明你的家庭越富裕，过去一年收获得越丰富，也说明这是一个非常值得庆贺的丰收年。

嵌糕在东南沿海一带的年味中扮演了不可或缺的角色，这个角色也让我们感受到劳动人民一年的辛苦，和这些辛苦所换来的丰收喜悦。

北方有水饺，南方有嵌糕，事实上，还有很多食品是在这两种食物中间的，像西北的滋卷、山东的煎饼、浙江一带的食饼筒等。所以，过年不是非常讲究餐桌上必须有各种高档食材、稀有食材，而是为了庆贺丰收，庆祝一年到头物产的丰富。

希望大家在每一种年味中都能找到自己的幸福，找到自己的愉快，找到自己美好的回忆。

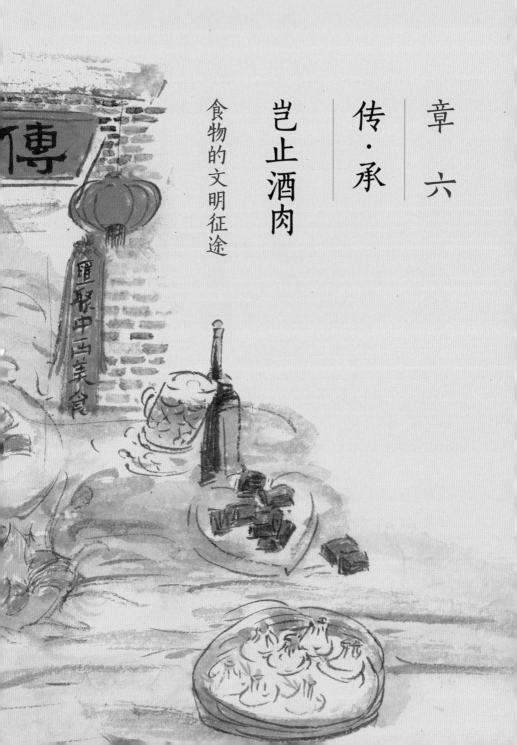

章 六

传·承

岂止酒肉

食物的文明征途

滋味人生

开门七件事，柴、米、油、盐、酱、醋、茶。

吃在我们的日常生活中占有很重要的位置。由吃衍生出来的文化，那就更多了。通过吃，我们可以交换安全感。因为几双筷子在一口锅里，所以这些人就有着共同的安全需求。我们在一起推杯换盏，喝的不只是酒，也是一种感情的联系。很多人在吃到甜味的时候会有幸福感，很多人在吃到苦味的时候会感到真实，很多人吃到酸味的时候会感受到窃窃的自喜，很多人在吃到辣味的时候会情绪高涨。不同的味道、不同的吃的体验的背后，除了有情绪因素，还有由这些情绪与自身能力所共同构成的更大范围的人类活动场景，比如"鸿门宴""杯酒释兵权"等历史典故等。

我们都知道，吃是通过味蕾传递到大脑中的信号所形成的丰富的感知体验，它不但有画面感，有温度，有气势，而且还有每个人对社会文化的构思。比如我们知道，曾经有人提出土豆烧牛肉就是最幸福的生活，也有人提出红烧肉加白米饭才是最美好的生活，其实这都是人们对未来愿景的具体聚焦和定格。这些构思虽然都来源于吃，但是带给我们的是对过去的总结、对未来的向往，以及如何在今天享受到最舒适的那一份感官享受。

　　吃所包含的内容几乎涵盖了我们生命的全部，也涵盖了构成社会的各个要素互相交流的场景、信息量和目的。因此，你观察到的人生百态，人的精神活动与生理活动之间的联系，以及人与自然互动过程中的顺应与包容，最终都会通过吃化作自然的一个个因子。因此吃所衍生出来的内容，比我们任何人想象的都多得多，值得我们慢慢回味。

满汉全席
到底有多奢侈

历史上有一个跟吃有关的记载。八旗骑兵在入关以前驻扎在沈阳，也就是他们当时的入关出发地，他们用大口锅将牛、马、羊煮了以后，用刀切成小片，吃完以后就入关了。结果，八旗骑兵的战斗力在这样的饮食氛围中被充分地烘托出来。他们以不足 13 万人的兵力横扫中原，屡战屡胜。当时的人只要一谈八旗骑兵就有谈虎色变的感觉，因为他们的战斗力太强了。这个战斗力就来自这种非常粗犷的、简单原始的饮食。

等到八旗子弟上不了马，拉不开弓，托着鸟笼，逗着蟋蟀的时候，他们开始在北京吃满汉全席了。一场满汉全席要吃整整一个星期，结果八旗子弟就是在这样奢靡的饮食环境中，把自己的政权和战斗力消磨殆尽了。

在沈阳用一口铁锅煮大块肉的时候，八旗骑兵连盐都没有；而到了吃满汉全席的时候，他们光喝汤就好几道，比如有头汤、中汤、尾汤，在汤与汤之间还有过口汤和过菜汤。做满汉全席的食材大约有 300 种，辅料、调料有 100 多种，需要 12 个厨师忙活 3 天才做得出来。这种极尽奢靡的享受背后，是对人的性情、性格的影响，以及一系列享受过后所带来的后果。我们都知道，人的创造力主要来自欲望、享受和恐惧，当这种创造力被消磨成为一种豪华、奢侈的生活方式的时候，也就会造成一个人、一个政权、一个国家的彻底毁灭。

在中国的"二十四史"当中，有记载的影响历史进程的宴席有上百次，其中包括韩熙载的夜宴、赵匡胤和赵光义的烛影斧声等。但这些饮食的实质并不在于喝酒、吃菜、作乐，而在于争权夺利。我们也可以看到，饮食是如何影响我们的性格，影响我们的言行举止的。如果有人一进门说"切二斤牛肉，打一壶酒上来"，你立刻会想到《水浒传》当中所描写的英雄人物。因为当时牛肉只有英雄才会去吃，平民百姓是不能够吃牛肉的。牛在当时是生产资料，吃牛犯法，只有天不怕地不怕的英雄或者强盗才会去吃牛肉。

现在我们想到《红楼梦》当中如何烧鸳鸯红嘴鸽，如何做火腿白玉片，就会想到大观园中的生活情景，想到那种细腻、讲究和对生活的极致追求。可以说，饮食符号背后反映出来的是很多的文化现象。

　　说了那么多著名的宴会、著名的饮食场景，我们知道饮食是一种人类生活方式、文化形态表达的重要舞台。因为饮食除了能够使我们健康地生活，健康地做事，正常地与人交流，产生各种新奇的想法和创造，还能丰富我们的生活方式和文化表达。所以，饮食的确是我们文化的一个重要组成部分。

　　作为中国人，我们要让外国人来观察中国式的生活方式，最好的方法就是请他喝一顿中国酒，尝一顿中国菜，餐后再来一杯中国茶。所以，怎么吃、怎么喝就有了明显的文化标记，有了与众不同的审美价值。比如，吃饭的时候怎么排座位，怎样遵循用餐的规矩，吃饭之前应该做些什么准备，在餐桌上应该讲什么话、不应该讲什么话，等等，这些构成了我们独特的文化现象，构成了我们的文化表达。更重要的是，当我们遇到危机，需要处理一些跟饮食无关的事情时，饮食也给我们搭建了一个重要平台，让我们能够在这个平台上表现出自己的豪气，自己的智慧，自己的思考，以及借用饮食来传递自己想要表达的信息。我们也可以通过饮食放大这种信息，去反观一个又一个著名的历史事件。从楚汉相争一直到北宋的繁荣，再到清军入主中原，以及清王朝的最后灭亡，我们在这条脉络中看到了饮食所起到的衬托和平台作用。这些让我们可以从非文字记载的角度去理解历史的发展脉络、人的性格与性情，以及它们在这个历史大舞台中所表现出来的荡气回肠。

　　有人说，好的时刻应该拥有"三情"，即风情、才情与性情。

在饮食文化上，风情，就是如何通过吃，向别人传递出自己对生活的理解和认知。才情，是在酒足饭饱后所表达的对时局、艺术、性格、人物的评判，包括绘画和书法作品。性情，就是在风情和才情的支持之下，将自己的美学感受尽情渲染到极致。风情、才情与性情构成了很多文人在餐桌上对各种人情世故、历史演变的一些重要看法与表达。所以我们可以通过饮食这个窗口，去了解我们的进化史、我们的文明史，进而了解我们自身的一些风情、才情和性情的积累过程。

微生物：美食世界中开疆拓土的功臣

一部人类史，如果没有酒是不可想象的，无论古今中外都是如此。

酒是人类审美的一个重要对象，它的出现在人类历史上是一个非常重要的符号。不夸张地说，如果没有酒，就没有今天我们所能享受到的这种艺术氛围，也不太可能出现我们今天用以滋养灵魂的诗歌、音乐和戏曲。酒是人类生活和人类发展历史中不可或缺的一个重要物质。

中国的酒文化很繁复，中国民间传说和历史记载中，有非常多与酒有关的精彩故事。比如，武松的"三碗不过冈""醉打蒋门神"，还有"鸿门宴"和赵匡胤的"杯酒释兵权"。中国的酒文化实际上指的是如何用酒这个媒介来策划、实施一个行动，通过酒来达到自己的目的。这属于酒文化当中的"唱本文化""剧本文化""剧情文化"。

但在西方的饮酒历史中,酒文化其实指的是酒神文化,是讲人的灵性与上天之间的沟通,是人如何发掘自己灵性中善的一面、美的一面,如何通过酒来审视自己和周围环境的美。西方的酒文化更多属于审美范畴。这种酒文化,有审美的距离,有审美的节奏,而且有固定的审美对象。在很大程度上,酒并不是为了达到某种目的,也不是想把什么朋友灌醉。所以,我们会发现西方酗酒的人特别多,都是把自己灌醉。而在中国人的酒桌上,大部分情况都是喝完酒以后大家都变得更融洽了,合同也签了,人也跟着醉了。

借用酒这个主题,我们就引出了对人类审美至关重要的东西——微生物。不知你是否想过,酒其实是一个发酵的过程。发酵靠什么?靠的是酵母,酵母就是一种细菌。当人可以驾驭细菌为自己服务的时候,微生物便进入了我们的食谱。

酒源于我们祖先的日常生活,在储存粮食、水果的过程中,这些食物上附着着酵母菌,也便出现了酒。

酿酒有两个关键要素,一个是酒料,另一个是酒曲。酒曲存在于我们日常生活的任何一个角落。北方的主妇想要发酵面粉制作馒头的时候,只需用一团面,便可以让空气中的酵母附着在上面并繁殖,然后生成一个酵团,如此一来便可以顺利地发面。酒也一样,如果我们有一种带有糖分的食物,比如最常见的粮食、葡萄等,只要我们将其摆放在某种器皿当中,让它附着上酵母,它的发酵过程就随之开始了。酵母在它的成长过程中，通过不断地分解糖分，生成了乙醇，这就是酒精。乙醇含量的高低可以根据酵母的强弱，以及酒料的糖分含量多少而决定。当然，这里所说的不是蒸馏酒，而是普通的酿制酒。

在中国的酒文化中，无论是黄酒还是白酒，都很少使用含有高糖的水果来酿酒，而更多的是使用粮食酿制，比如高粱、荞麦。在一些粮食匮乏的地方，人们也用山里生长的金刚刺来酿酒。南方的黄酒则主要是用糯米等碳水化合物、淀粉类物质含量很高的作物作为酒料。这些酒经过蒸馏以后便可以得到酒精含量在 50 度以上的各种白酒。

有关蒸馏酒的起源有多种说法，但是大家比较公认的是蒸馏酒不是起源于中原地区，而是由蒙古人传入中原地区的。从传播途径上可以发现，它是从河北衡水经山西阳泉，一路到达四川宜宾，再到贵州遵义的，传播路线和当年蒙古人南下的途径一模一样。在元代，蒸馏酒诞生之前的很长一段时间，中国人喝的酒主要是过滤酒，即酿出来不管多少酒精度的酒，经过过滤、去除杂质后直接饮用。所以，我们常听中国古代的英雄好汉可以"斤酒不醉"，他们所喝的酒实际上就是我们日常喝的米酒。如果按照这个说法，恐怕现在很多人都有古代英雄好汉的酒量，也可以喝几斤酒都不醉。

中国的酒文化产生于微生物，这种细菌是我们看不见摸不着的，不像鱼肉、蔬菜、谷物等其他食材看得见，也摸得着，人可以踏踏实实地享用。人类社会的早期,微生物无处不在,却又没有办法被先人们收纳在容器当中。所以,当酵母菌之类的微生物被我们使用时,人类的生活就发生了巨大变化。因为微生物的存在,我们有了酒,有了酱料,有了酱菜,有了各种腌制品,我们的生活变得前所未有的丰富。

当劳动所得有剩余时,通过驾驭这些微生物,比如将它封闭在瓮或者缸中,通过调整食材的湿度和温度,我们就可以得到美味的腌菜、酱菜、腌制肉类等。当然,微生物的作用不仅于此。当微生物进入我们的生活后,我们不只拥有了人类社会中不可或缺的酒类,也有了对变性的蛋白质、各种氨基酸的另一种体验和享受。因为微生物的到来,人类的食谱更加广泛了。

在自然界,很多时候我们也会享用到一些天然的微生物制品,其中蜜蜂酿制蜂蜜就是一例。除了人,大猩猩、熊也同样喜欢蜂蜜。对蜂蜜的享受,使我们的感官、大脑对微生物的加工能力进一步加强。所以,我们对微生物有了深入的了解和把握以后,就直接影响了我们的现代工业发展,因为人类有很大一部分的工业基础就来自微生物。

微生物的使用,使我们的食谱从动物、植物扩展到了微生物,而微生物的介入和应用,也让我们的世界变得更加广阔。为了发现、驾驭微生物,我们发明了显微镜、培养皿,也开始拥有了各种各样酒曲的制作,还能够发酵面粉、米粉。因为有了微生物,我们有了更多祭祀祖先的方法，有了更多让微生物为个人生活服务的途径。比如，我们可以酿一坛酒，当作女儿出嫁时候的嫁妆。假如没有微生物，我们不敢肯定会出现这样的风俗习惯。

当我们透过显微镜看到微生物的那一刻起，人类在食物领域的疆界就成倍地扩大了。如果没有微生物，我们不可能有酱油，更不可能有味精。可以说，给我们的食物带来变化，让我们在审美时有更多巅峰体验的最大功臣，是微生物！

青梅『浊』酒论英雄

在整个中国历史长河中，三国时期是一个英雄辈出，以及魅力、智力、体力充分交融的时期。这个时期出现了很多和饮酒、吃肉有关的著名的饮食场景，被后人反复引用，并写入了中国古典戏曲和古典小说中。

第一个有代表性的场景是"关羽温酒斩华雄"。当各路义士起兵讨伐董卓的时候，华雄据守关隘，使得每一次前来挑战的将士都败下阵来。关羽当时还是一个无名偏将，他立下军令状，请缨去攻打关隘，发誓要斩了华雄。统军的曹操非常开心，在关羽临上阵之前准备敬他一杯酒，结果关羽说不必了，等自己斩了华雄以后再喝这杯酒。最后关羽不但斩了华雄，而且回来的时候这杯酒还是温的。

因为当时中国用粮食酿制的酒不能够蒸馏，都是一些浊酒，需要加温才能喝，所以中国传统很多陶质、瓷质甚至青铜酒具中，有很多是用来加温的。历史上常用这一故事来描述英雄豪杰武艺的高强，以及他们在极度兴奋的时候，那种气吞山河、不在乎一杯酒的豪气。

第二个经常被人引用的故事是"煮酒论英雄"。这个故事的全称是"青梅煮（浊）酒论英雄"。至于这个"煮"到底是煮饭的"煮"还是"浑浊"的"浊"呢？我觉得应该是"浊"。因为青梅代表着青色、不成熟，当然也不那么诱人，它代表的不是英雄气概，而酒代表的是一种英雄气概。当刘备和曹操用青梅与酒讨论谁是天下英雄的时候，就会发生很多酒与英雄之类的话题，而且这些话题中又伴随着我试探你，你防御我，我反过来再试探你，你又如何巧妙地把它转化为对自己有利的一种说辞。这种对话氛围就变成了讨论英雄以及英雄应该具备哪些品德、能力和义气。"青梅浊酒论英雄"就是说，在饮、食、酒、梅之间比较出一个人的鉴赏能力和谈吐，比如，"巧将闻雷来掩饰，随机应变信如神"。再比如，在试探你有没有问鼎的野心，有没有取我而代之的野心时，酒将阴谋与豪情、谋略与计策全部串联到了一起。

第三个场景，我们从小说《三国演义》、戏剧《群英会》和成语"蒋干盗书"中都能知道，那就是赤壁大战之前的"群英会"。阴谋与反阴谋、计谋与反计谋贯穿始终，让故事中的各种政治人物纷纷登场。智者也好，将军也好；谋士也好，坐拥权力者也罢，都体现了集大成者，即群英会。

为了能够摸清东吴的底细，在大战开始之前气势上压倒对手，蒋干自告奋勇地让曹操派他去东吴探个虚实。诸葛亮和周瑜非常巧妙地利用这个机会，办了一场群英会。先有一场各自对目前局势、对未来政权发展的讨论，群雄激辩，场面非常热烈。然后大家非常开心地喝了酒，吃了丰盛的宴席，微微醉意当中上演了一场"蒋干盗书"。没有想到的是，蒋干盗去的是一个被人下了"毒药"的阴谋信息，结果因为这场"盗书"，曹操在阵前杀了自己水军的两员大将，使自己处于战略下风。又加上在群英会上，因为蒋干与东吴方面的联系，东吴可以用诈降的方法火烧连营，从而使得曹操百万雄兵败于赤壁，成就了中国历史上最壮阔的一场战争与和平、阴谋与友情的大戏。

通过这一连串的故事，我们可以发现在饮食的氛围中，人其实被调动出来的不是一些理智的、有逻辑的思维，而是激情、情绪与艺术。所以我们看到很多传世的艺术作品，画作也好，书法也罢，很多都是酒后成就的。我们从来没有听说过哪篇逻辑缜密的文章是在酒后写出来的。所以，酒与饮食带给人们的快感应该不在大脑皮层，而是在情感中心。在这里，酒和饮食营造的氛围，使人们有了更多的豪情，有了更多的艺术感，有了更多的冒险精神，所有这些其实都是推动人类历史进步的重要源泉。

所以我们知道，欲望、享受、恐惧、追求与探险，是成就我们不断进步的核心推力，而权威、规矩与道德只是服务核心推力的一种手段。饮与食、酒与美味营造的最大氛围，就是推翻所有的束缚，使人们能够放松地去把自己想要表达的情感尽情地挥洒一次。

竹林七贤都有
哪些下酒的美味

　　基于过往的研究以及考古发现，我们推测酒大约是在5 000年到10 000年前走入人类社会的。但是，最近有一些生物化学家，通过存在于灵长类动物和人类体内分解乙醇的一个酶——乙醇脱氢酶4的研究发现，在树上活动的灵长类动物体内，这个酶的活力和含量极其稀少。但是当这些灵长类动物来到树下，开始地面活动的时候，这个酶就开始活跃起来，而且在肠道、肝脏中的含量也随之增加。通过对这个酶基因序列的分析，我们发现，这个酶经过1 000多万年的演变，几乎跟灵长类动物从树上走到树下，然后慢慢地进化成为人类，是有密切关系的。这个酶的存在可以说明，从树上进化到树下活动的灵长类动物，已经接触过酒精类的饮料。

　　我们还原一下远古时期的场景。当时很多啮齿类动物在寻找到坚果之类的果实后，会把它们储存在树洞或者其他地方。这些坚果类的果实被水浸泡发酵以后，就产生了类似酒的液体。假如这个推论成立，那么酒与人类的进化其实是从远古一直发展到今天的。也就是说，酒精与人类的性格、思考、行为之间的关系，还需要我们做更多的研究，做更多的还原。所以，当我们讲"温酒斩华雄""青梅煮酒论英雄""蒋干盗书"的时候，酒精究竟在这些人类的大戏中起到什么样的作用，我觉得还需要更多的思考和推测。

"霸王别姬"是一个男人和一个女人之间的故事，它也跟酒有关。那种气吞山河、情泣鬼神的故事，当然荡气回肠。在中国历史上，还有一个女人跟男人喝酒的故事，那就是"贵妃醉酒"，但它却是一个彻头彻尾的闹剧。在这场闹剧背后，展现的是皇家生活的奢侈、一个被宠坏女性的任性，以及朝纲的崩溃和社会导向出现的重大错误。可见，酒既可以被用来抒发豪情壮志，也可以被用来表现自己的任性与霸道。

今天我们很难再还原当时的场景，我们所了解到的"霸王别姬"与"贵妃醉酒"，都是在后代文人反复加工之后留下来的印象。剥离这一层层的过去，我们可以发现，酒作为一个道具，对一群人也好，对一个有代表性的人物也罢，都是能够让自己充分表达情感、意愿、喜怒哀怨的重要手段和途径。

魏晋时期，官场争权夺利，民不聊生，当时的很多文人对此非常不满，部分不满现状或者有救世理想的知识分子形成了当时的

做千古醉人亨清流人生

一股清流，而饮酒就成了这群人表达对现实不满的主要通道。我们知道"竹林七贤"喜欢聚在一起喝酒，他们当中许多人拒绝出仕为官。比如，嵇康就跟山涛断绝了朋友关系，因为山涛曾邀请嵇康出去做官。他们把当官当作混入官场的一种肮脏途径。嵇康为此还跑到闹市中打铁，以此讽刺社会的不公正、分配不均和官场的腐败。"竹林七贤"在一起饮酒作乐，在这个过程中也出现了很多喝出来的美味，比如，阮籍的傍林鲜就是用竹笋烤制的。他们当中很多人也有自己的拿手绝活，比如做猪头肉、做烧鸡等。总之，他们过的是一种对社会不满、对现实不满的发泄生活。

我们从另一个侧面可以看到，当时知识分子的颓废其实印证了现实不公正的一面，所以，现在我们还是将"竹林七贤"的这种饮酒作乐作为一种清流的表达。这里所谓的"清流"是相对于官场的"浊流"而言。

赵匡胤陈桥兵变以后，作为这场兵变的实际利益获得者，他并不希望握有兵权的大将军威胁到他的统治。因此，历史上还出现了一个著名的"杯酒释兵权"的故事。这也是在一种权力、利益和各种阴谋诡计的氛围之下出现的一次宴会。

这场诡异的宴请，是在把人灌醉之后，让人有着极大压力和恐惧的情况下，把大将军的兵权给解除的。这就是我们利用饮食的环境营造出的一种氛围和传递出的信息。有的时候你直截了当地把企图或愿望说出来，很可能达不到这个效果，而饮食可以通过各种情境营造这种氛围，这种氛围可以暗示情境中的人物，你如果不这样做就会有严重的后果。

我们在日常生活当中也会遇到很多此类的暗示。比如，有人想示爱或示好，会请你吃饭；有人想恐吓你，会找一群人和你喝酒；有人要跟你很严肃地谈某个问题，就会请你喝杯茶或喝咖啡。所以，饮食营造的暗示氛围，可以把你想要说的潜台词、双关语，通过酒杯、筷子、美食传递出去。这是饮食文化的又一种社会延伸，也是被我们运用得非常熟练的一种社会交往技巧。

我们前面一直讲，饮食伴随着人类的进化和发展。起初它是为了延续、维持自己的生命，在人类社会形成以后，饮食成了社会交流的一个平台，成了社会各阶层、各类人之间信息沟通的一种手段，于是饮食开始异化了。这其中包含两个方面：一是它被当作一种权力或者责任的表达方式；二是它被用来表达一种审美态度，一种打动你的感官的活动，从而让你有记忆、有美感、有回味。

越南美食：当东方色彩与法式风情相遇

　　越南是中南半岛的一个重要国家，它的文化受到中国文化与印度文化的交叉影响。在近代，越南还有另外一个重要的历史阶段，即它曾经是法国的殖民地，而且在 20 世纪经历过 20 年的抗击法国、美国的侵略战争。所以，越南在地理、历史和人文上有一些特殊之处。

　　越南物产非常丰富，这跟它的国土由东向西比较窄，而由南向北非常长的地理特点有关。就在这样一个南北长、东西窄的国度中，物产的变化非常明显，加之它长期受到汉文化的影响，同时又受过法国殖民统治的影响，因此它的饮食很有特色。

　　最近这几年，越南也成为中国游客主要的旅游目的地国家，这跟它的风光，它在发展过程中所表现出来的活力，以及跟我们中国人剪不断、理还乱的交情有关。同时越南独具魅力的饮食也具有非常大的吸引力,我们下边举几个例子来领略一番越南饮食。

越南有一个很重要的标志性饮食,那就是越南滴漏咖啡,因为它从咖啡具到制作过程都独具一格。冲泡这种咖啡的咖啡具是一个过滤器,咖啡杯中放入有奶香而且有甜味的炼乳,再把咖啡粉放入过滤器,这时要用滚烫的开水冲泡,而过滤器直接放在咖啡杯上。越南咖啡是法国殖民者将非洲的咖啡种子带到越南种植的。越南是一个典型的酸性土壤的国家,这造就了它的咖啡豆独具风味,非常香,很少含苦味与涩味。所以越南咖啡被冲泡进炼乳中之后,咖啡风味非常饱满,层次分明,而且香滑可口。在众多的咖啡中,它是最有特点的一款咖啡。越南咖啡的这种调制方法、咖啡豆的来源,以及加入炼乳的冲调方法,都可以让我们看到它的殖民历史、地貌特征和中国文化的影响元素。所以我们要了解越南的饮食文化,可以首先从越南滴漏咖啡开始。

我国潮汕地区和泰国的鱼露都是非常有特点的,越南也产鱼露,它的制作方法是潮汕人带去的,但是它跟潮汕的鱼露、泰国的鱼露有很大的不同。越南鱼露不那么咸,口味偏淡,同时也比较轻。其主要原材料不再只是鱼肉,而是加入了一些虾肉和贝壳类的肉。很多越南菜都有添加越南鱼露的习惯,比如越南粉就会使用鱼露。在使用越南鱼露拌制越南粉的时候,要加一点越南的青柠檬。

这种柠檬很小，皮也很薄，其酸味是带有某种香味的一种调料，再加上一些越南的小米椒，那种鲜辣与柠檬酸共同构成了越南粉的独特味道。

讲到越南饮食，不能不讲越南的牛肉。越南的牛肉绝大部分是水牛肉，但是越南人对牛肉的制作非常简单，那就是烫制。把牛肉切成很薄的肉片，相当于我们四川的灯影牛肉那么薄，然后在滚烫的鲜汤中烫一烫，就变成了越南粉的一个重要配料，就着米粉吃时鲜美异常。牛肉跟越南鱼露之间的搭配完美无比，在越南鱼露所代表的越南味道中是独一无二的。

越南的水产品非常丰富。它海洋的渔获大部分种类在中国的海南岛及世界其他地方也能够找到，但有一种盛产于湄公河中的虾却是越南独有的，这种虾就是我们之前介绍过的湄公河大头虾。它是一种淡水虾，个头非常大，一只虾的重量一般都在 200～300 克之间，一只虾几乎就能够成为一道菜。湄公河大头虾在越南有两种做法，都很有越南特色。第一种是把虾肉做成虾酱，涂抹在切细的甘蔗上面一起烤制。虾肉除了有自己的鲜味，还有甘蔗汁所渗出来的甜味，甜鲜适度。烤制过程中飘出微微的焦香味，配上甘蔗的甜爽，构成一道经典的越南菜肴——蔗虾。第二种做法是，越南人比较喜欢把湄公河大头虾在火上烤制，因为湄公河大头虾的膏特别肥美，烤制过的膏鲜甜无比，就着奶酪、柠檬和辣椒酱，可以吃出地道的湄公河大头虾膏的鲜美。

越南是东南亚地区种植火龙果最多的一个国家。火龙果其实是一种长在仙人柱上面的水果，它甜而不腻，香而不霸道，果皮非常容易取出，果肉有白有红，透着一种非常诱人的清香。几乎所有的越南美味佳肴都非常适合配火龙果，因为在餐后嚼一片火龙果，能够让前面所食用的美味全部深藏在记忆的深处，也能够让我们感受到越南美食带给我们的那一份最美好的感动。这里也要声明一下，火龙果并不是原产于越南，而是原产于墨西哥。

我们可以通过品尝这几款越南饮食，感受越南的风土人情、物产丰富，也能从中感受到它受中国文化和法国殖民统治的深刻影响。

天妇罗的前世今生

　　东北亚地区的一个重要国家是日本，随着近年很多中国游客前往日本，我们对日本的了解也在日益加深。日本是一个多火山爆发、多地震、多台风、多自然灾害、自然资源匮乏的岛国，受其地理环境、自然环境的影响，日本也形成了比较特殊的生存环境。在这样一个相对封闭、资源匮乏的环境中，日本人非常善于学习，它的整个发展历史就是一个不断学习的过程。早期他们主要是向东方文明的中心中国学习，后来又转向学习西方的现代文明。日本在学习的过程中不断发展壮大自己。

　　日本的菜肴有着非常明显的中国古代特色。我们今天很熟悉的日本刺身、日本天妇罗、日本腌菜，都可以在漫长的历史长河中，找到它在中华饮食文化中的源头。比如我们之前讲到的鱼生就是中国人很早就食用的一种饮食，但是中国人是把鱼生和白醋、生姜等拌在一起，再加点萝卜，这种吃法在今天中国的华北、东北一带还有保留。可是流传到日本以后，日本人就把鱼生的取材范围扩大到了很多海鱼，而且刀法也扩展到厚切、薄切和快切种种变化上。日本人在调制鱼生的配料方面，也加入了一些自己的理解，包括使用了青芥辣。在生吃的范围上，日本人把生吃鱼肉也扩展到了生吃牛肉、生吃马肉以及生吃很多动物的肉上。

通过这样的梳理，我们可以发现日本是一个善于学习，善于在学习后总结创新的一个国家。而且鱼生饮食的发展造就了日本饮食的一个主基调：清淡，生鲜，在食用过程中强调一种对食物、食材的审美态度，并把这种审美态度体现在器皿和进食的环节与程序上。同时我们也可以发现，日本人在食用鱼生并把鱼生推广到全世界的过程中，依然保留了很多中国文化特色，比如它的筷架、吃鱼生时使用的灯笼，这些都来自中国古代，尤其是唐宋时期，而这些都是当时饮食的重要配角。

日本有一类食物很有日本特色，那就是天妇罗。如果把话讲透了，每个中国人都很理解，天妇罗就是拖了面糊在油锅里炸过的食品。今天在我们中国北方，春季香椿发芽的时候，还会有人用香椿芽拖着蛋浆或面糊炸一炸，当地人把它叫作香椿鱼，这也是很著名的一道华北地区的菜肴。在中国南方，有人用紫苏叶蘸着蛋浆来炸，非常像天妇罗。

　　日本的天妇罗发展到今天，已经对食材有了更加多样化的划分，像萝卜、南瓜或者大白菜配合着蛋液及面浆，而且炸取的油温、过几次油都很有讲究，这样天妇罗的味道就变得更加丰富了。同时，天妇罗使用的蘸料也有了很大不同，即在蒜末、姜末、葱末、萝卜末等原有蘸料的基础上加进了各种各样的调味剂，使得天妇罗在日本的菜系里面变成一道主要菜肴。

　　在天妇罗系列中，我们特别容易观察到它源于中国的影子，在吃的时候更能感受到这道菜是中国出菜精致的一个烹饪方法。在这个背后，我们可以体会到这道菜在日本的演变过程中结合了很多日本人的审美，比如倔强、淡雅，以及在审美投射中，他们要求把非常简单、常见的食材，精加工成一道精致美食的过程。日本人性格中有非常固执倔强的一面，不管在天妇罗上还是在日本的很多饮食餐厅中，我们都会发现日本人固执地追求某种极致的态度。

　　大家在对日本饮食的认知过程中，往往会忽略日本料理中经常出现的一些小配角，那就是他们的渍菜。从本义上说，"渍"其实是轻度腌制、轻度发酵的一种食品，也很有日本的饮食特色。它往往不是深度加工、腌制，而是较浅的腌制，比如很多人吃寿司手卷时配的酸姜，前菜中的一些腌制的青瓜、豆类等。在这些渍菜中我们可以发现，日本的厨师对菜肴本性的理解，更多的是尊重菜肴本身所带来的自然特点。有些味道并不是我们普通人都能接受的涩、酸、辣、苦，但他们依然通过轻度的腌渍把它们保

留下来。而且日本厨师在考虑日本餐饮的时候，并不是只考虑一道菜或者一份菜，他们考虑的是一席菜，就是说主食与副食、主菜与辅菜当中荤腻的程度，以及清口时要配些什么菜。所以日本的渍菜在整个日本料理的一席菜中占据非常重要的位置，它可以用来隔断两道主食之间味道的串通，还可以化解过于霸道、过于丰富的鲜美味道，让你在整席菜中能够品尝到这道美食给你带来的节奏，以及复合味道中不同层次的审美感受。所以这些渍菜，在日本的饮食中占有重要的地位。

日本饮食还有一个很重要的特点，它非常注重摆盘。日本人摆盘摆得都不满，也不注重器形的规整，他们善于使用各种不规整的器形拼凑出一席菜，这透露出日本饮食对于那种残缺美的追求。此外，日本饮食对一席菜给人们带来的过程享受、审美关爱，都一定留有一点缺陷，包括食物的总量。他们不希望你吃得非常饱，而希望你吃得稍微有些欠缺，比如七分或者七分都不到的那种感觉，让你对审美留有一定的想象空间。

总的来说，我们列举的这些日本菜肴及日本一席菜的特点，可以反映出日本是在一个物质相对缺乏的环境中，把一些不完整的、不丰富的食物加工成为能够让人感受到美（美味、美时、美景）的一道道菜肴。我们可以看到日本的匠人精神，还有日本人对自然所馈赠食物的深度理解和加工意识。所有这些都折射出日本人的性格基础，那就是执着、固执，追求残缺的美、不完整的美，对自己有着非常苛刻的审美要求。所有这些构成了日本饮食在全世界饮食中独一无二的自然主义和审美残缺，以及留有很大审美余地的饮食审美态度。所以，日本饮食文化特征在全球也是独树一帜的。

吃是人类文明
史的重要一环

前文讲过，东西方的文化、习俗以及社会演变（这里主要指的是东方农耕社会的演变跟西方游牧、渔猎社会的演变），对猪肉的理解以及做法是很不一样的。

西方特别是德国的很多猪肉制作方法，主要是通过不均匀的烤、烘焙来实现的，所以在同一块猪肉中，制造了不同的蛋白质变性。不同的蛋白质变性之间，在香味上就产生了梯度差异，当把这些食物送入口腔咀嚼的时候，就有了二次加工，而二次加工就给你带来了对猪肉更深刻的体会。

我们中国对猪肉的做法，比如经典的红烧肉，更多的是用焖、煮、炖的方式，让猪肉在同样的介质中均匀受热，使蛋白质均匀变性。在这个过程中猪肉与配料又进行了均匀的混合，所以它是一种均匀的复合香味。

从这两种制作方法的背后可以看出，西方烹调思想注重制造差异，互相制衡，相互配合，而中国的烹饪手法体现的是平均、共享的思想。

我们往往可以在日常生活的点滴中观察到东西方文化的差别，这种差别背后的历史沉积（我们从哪里来，我们又往哪里去），生活总会给我们启示。只要我们用心去对待身边的人和物，美就在身边，只是等着我们去发现。

我们共同探讨了人与食物之间的互动关系，探讨了人的迁徙、食材的迁徙，这种相遇、相知与相交，也是一程追求快乐之旅。我希望通过这些描述让大家知道，我们是如何通过食物来跟这个世界发生着各种各样的联系，如何确定自己在整个食物链中的位置，如例确定自己的发展水平，如何让自己承担起在这个生命系统中更重要的责任的。所以我们都要从一点点细小的人与食物的互动关系中去理解、去体会、去感悟。

吃，是文化的一个重要组成部分，通过对吃的理解，我们就可以知道，一种文明的建立是如何在吃上形成种种规范、规矩与规则，进而使吃成为我们文明史中的重要一环的。

后 记

假如不曾结识丁磊，假如没有丁磊的推荐去网易云音乐做了《围炉夜话》，这本书的缘起也就没有了。但我与丁磊相识的缘起也是在一个朋友的饭局上，这种缘起，不但让你能够感受到朋友之间的友情与机智，也能够让你感受到朋友的人格魅力。

仔细想一想，我与阿城老师的缘起，与乔凌大姐、徐淑君大姐的缘起，还有与陈晓卿老师、汪涵老师的缘起都在餐桌上。

《滋味人生》的滋味，除了我们味蕾能够感受到的滋味，更多的应该是我们能够感受到人与人之间那种相互吸引的滋味。它来自相同的人格魅力，也来自我们每一个相遇相识的人对这个世界的了解，话题无外乎组成这个世界的生态环境和社会环境。所以"滋味"是一个非常丰富的用语。

我觉得阿城老师所写的推荐语已经画龙点睛了。我们除了寻找庖丁的烹饪之道，还应该寻找食物的来源、食材的生长，进而认知我们的这块土地、我们的山水、我们的风情，以及不同的地域、风貌和人情。我们如果都是一个有心人，实际上在一饭一餐中，在与人一次又一次不期而遇的交往过程中，就能深刻地感受到人生思维的无穷无尽。人生的滋味也是因为有了这些友情，有了人与人之间互相吸引的魅力，才变得多彩多姿，丰富有味。

因为有那么多好朋友的参与和抬爱，才有了这本书，才可以把自己这一份与人的交往、在餐桌上的交往所带来的喜悦拿出来与大家分享。

特别感谢阿城老师的点睛之笔，感谢乔凌大姐、徐淑君大姐和陈晓卿老师、汪涵老师、丁磊先生的推荐，如果没有你们的帮忙、指点和提携，这本书只会烂在我的肚子里。所以到底是什么样的滋味，请广大读者在休闲阅读以后，再慢慢地品味吧。

在这里，我还要感谢王燕凤同学穿针引线，让我与中信出版社结缘，才有了这本书的出版。同时，要感谢胡方老师，她在百忙之中为这本书修饰润色，并且介绍了插图老师。我还要感谢费玮同学为这本书最后的结集出版付出了大量心血。大家能够在这里读到这本书，是许多人共同努力的结果，希望它能为大家带来一丝启发，一丝感动。

谢谢你们读了这本书。